우리 아이와
함께하는
문학 여행

두근두근 감성 진로 찾기 프로젝트
문학을 사랑하는 아이로 키우기

우리 아이와
함께하는
문학 여행

서화교 지음

상상아카데미

작가의 말

작가의 다양한 삶과 빛나는 작품을 만나는 문학관 여행

한곳 한곳 여행하면서 문학과 친구하자

동시나 동화를 읽다가 마음이 찡했던 적이 있을 거예요. 또 어떤 동시나 동화는 작가가 내 마음을 들여다보고 쓴 것처럼 느껴질 때도 있지요. 이처럼 문학은 우리의 마음을 감동시키고 내가 힘들 때 자신감과 희망을 주기도 해요. 바로 이것이 문학이 가진 힘이에요.

『우리 아이와 함께하는 문학 여행』은 윤동주, 한용운, 이육사, 권정생, 김수영 등 우리나라를 대표하는 작가 30명의 삶과 빛나는 작품을 만나고 체험할 수 있는 여행이에요.

작가의 삶이나 작품의 특징을 살려 건축된 문학관을 탐험하고, 전시실에서 시각과 청각, 촉각으로 작품을 만나보면 작가와 한층 가까워지게 되지요. 또 상상력이 발휘된 문학관 곳곳에서 작품 속에 들어간 듯한 느낌을 받을 수도 있어요.

『우리 아이와 함께하는 문학 여행』은 오늘날에도 큰 울림을 주는 작가들의 작품과 삶을 돌아보면서 사람답다는 것은 무엇인지, 우리에게 소중한 가치는 무엇인지를 질문하고 그 해답을 찾아가는 여행이기도 해요.

책에 소개된 문학관을 한곳 한곳 여행하다 보면 따로 공부를 하지 않아도 자연스럽게 문학과 친구가 되고, 인문학적 지식을 키울 수 있어요.

지금 가까운 문학관이 어디 있는지 살펴보세요.

새롭고 특별한 여행이 친구들을 기다리고 있어요.

2018년 7월 서화교

차례

차례

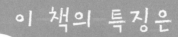

이 책의 특징은

첫째 여행도 교육이다

즐기는 것만으로 아이의 인생 테마를 만들어 주고, 그것이 진로
가 될 수 있는 여행을 계획하세요. 여행에서 얻은 좋은 경험과 습
관이 가장 훌륭한 교육입니다.

둘째 두근두근 문학 감수성 여행

문학관을 둘러보는 것만으로, 아이의 문학적 감수성을 깨우고
문학에 관심을 가질 수 있게 합니다. 다양한 경험과 꾸준한 관심
이 아이의 진로 형성에 큰 도움을 줄 거예요.

셋째 소중한 기억이 큰 꿈으로

아이들 마음속에 미처 이해하지 못한 한 줄의 문장, 하나의 단어가
여행의 추억과 함께 자리 잡아, 어느 날 큰 꿈으로 자라날 거예요.

풍경이 있는 도입

작가나 작품과 관련된 멋진 풍경과 흥미로운 이야기로 아이들의 상상력과 여행의 꿈을 키울 수 있어요.

문학관 속으로

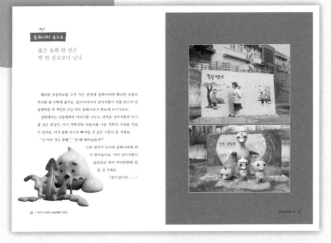

문학관을 둘러보며 어떤 것들을 보고 느낄 수 있는지 사진과 함께 재미있게 구성했어요.

문학관에서 이루어지는 행사나
축제들을 소개하여 함께 즐기고
체험할 수 있어요.

잘 다녀왔어요

여행을 다녀온 뒤 즐거
운 활동을 통해 문학과
더 가까워지고 소중한
추억을 남길 수 있어요.

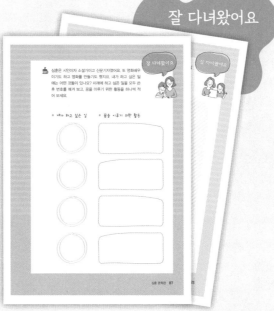

01
이야기 속에서
상상력을 키워요

권정생 동화나라

김유정 문학촌

오영수 문학관

이주홍 어린이 문학관

황순원 문학촌 소나기마을

세상에서 가장 사랑스럽고 귀여운 똥은 무엇일까요? 바나나똥? 황금똥? 정답은 바로 여러분이 잘 알고 있는 강아지똥이에요. 돌이네 강아지 흰둥이가 누고 간 강아지똥은 민들레싹의 거름이 되고, 민들레싹은 아주 예쁜 꽃을 피우지요. 스스로를 더럽다고 생각하던 강아지똥이 자신의 쓰임새를 깨닫고 한 생명을 태어나게 한 거예요.

이렇게 아름답고 감동적인 동화 『강아지똥』은 권정생이 가난과 전쟁으로 가족과 헤어지고, 전신결핵으로 시한부 선고를 받은 뒤 쓴 작품이에요.

다행히 죽을 고비를 넘기고 『강아지똥』을 썼지만 권정생은 평생을

권정생 동화나라

아름다운 동화로
감동과 위로를
선물하다

질병으로 힘들어 했어요. 하루 글을 쓰면 이틀은 앓아누울 정도로 아프면서도 작가는 많은 작품을 남겼지요. 전쟁과 가난으로 부모를 잃고 동생들을 돌보는 몽실이를 주인공으로 한『몽실 언니』, 산불 속에서 새끼들을 지킨 까투리의 모성을 다룬『엄마 까투리』등이 대표작이에요.

2007년에 죽음을 맞은 작가는 "내가 쓴 모든 책은 주로 어린이들이 사서 읽는 것이니 여기서 나오는 인세는 아이들에게 되돌려주는 것이 마땅하다."며 자신의 유산을 지구촌의 가난한 아이들이 먹고 글을 배우는 데 사용해달라고 했어요.

세상에 보잘 것 없다고 생각하는 강아지똥이 민들레를 끌어안고 아름다운 꽃을 피운 것처럼 작가는 아름다운 동화로 사람들에게 큰 감동과 위로를 선물했어요.

동화나라 속으로

좋은 동화 한 편은
백 번 설교보다 낫다

폐교된 초등학교를 고쳐 지은 권정생 동화나라에 왔다면 웃음보 따리를 풀 수밖에 없어요. 들어서자마자 강아지똥이 비를 맞으며 민들레싹을 꼭 껴안은 모습 뒤로 동화나라가 한눈에 보이거든요.

정원에서는 민들레싹과 이야기를 나누는 귀여운 강아지똥과 아기를 업은 몽실이, 아기 까투리와 나들이를 나온 까투리 가족을 만날 수 있어요. 마치 동화 속으로 빠져들 것 같은 기분이 들 거예요.

"난 아무 것도 못해.", "난 왜 태어났을까?"

그런 생각이 든다면 동화나라에 와서 뛰어놀아요. 아마 강아지똥이 슬금슬금 와서 여러분한테 말을 걸 거예요.

"내가 말이야……."

🌱 아름다운 동화를 만나다

실내화로 갈아 신고 전시실로 들어가면, 아름다운 동화로 희망과 평화를 이야기한 작가의 작품과 기록을 볼 수 있어요.

『강아지똥』 자필 원고와 1974년에 나온 『강아지똥』의 초안본을 전시하고 있는데 지금과 다른 표지를 볼 수 있어요. 이 밖에도 작가가 쓴 여러 작품들이 전시되어 있고, 애니메이션 『강아지똥』의 주요 장면을 영상으로 볼 수 있어요. 또 전시실 한쪽에 조탑동에 있는 작가의 방을 재현해 놓았는데, 한 사람이 누우면 꼭 맞을 정도로 작은 방이에요. 가구라고는 책장과 앉은뱅이책상이 전부인데, "좋은 동화 한 편은 백 번 설교보다 낫다."라는 작가의 글씨가 인상적이에요.

작가가 쓴 유언장과 쓰다 버린 비료 포대를 접어 나뭇가지를 끼워 만든 부채, 전기가 없던 시절 마요네즈 유리병에 심지를 넣어 만든 램프 등의 유품이 있어요. 마지막까지 외롭고 아픈 어린이들을 위하면서도 자신을 위해서는 덜 쓰고 아꼈던 작가의 삶을 엿볼 수 있어요.

🌱 마음을 키우는 동화나라

 마음껏 동화를 읽을 수 있는 예쁜 도서실이 있는데 이곳에서는 작가의 작품뿐 아니라 다른 작가의 책도 읽을 수 있어요. 또 서점에서는 책과『엄마 까투리』의 캐릭터 상품을 살 수 있어요.

 동화나라에서 차로 10분 거리에는 권정생이 살던 집과 종지기 생활을 했던 일직교회가 있어요. 작가는 1968년부터 매일 새벽 줄을 당겨 종을 울리고 교회 일을 도우며, 교회 뒤편 빌뱅이 언덕 밑 작은 흙집에서 살았어요.

 방 한 칸과 부엌, 마당 한구석에 화장실과 개집이 전부였지만 작가는 "따뜻하고, 조용하고, 마음대로 외로울 수 있고, 아플 수 있고, 생각에 젖을 수 있어 참 좋다."라고 했어요.

 세상의 가장 낮은 존재에게까지 사랑을 보여 준 작가의 보금자리는 소박한 작가의 모습과 닮은꼴이었어요.

"강아지똥아, 난 그만 죽는다. 부디 너는
나쁜 짓 하지 마고 착하게 살아라."

"나 같이 더러운 게 어떻게 착하게 살 수 있니?"

"아니야, 하느님은 쓸데없는 물건은
하나도 만들지 않으셨어.
너도 꼭 무엇엔가 귀하게 쓰일 거야."

단편동화 『강아지 똥』에서

주소 경상북도 안동시 일직면 성남길 119
전시시간 10:00~17:00
휴관일 매주 월요일, 1월 1일, 설날·추석 당일
관람료 무료(단체 방문은 전화 예약 필수)
문의 054-858-0808

강아지똥처럼 쓸모없는 것처럼 보이지만 알고 보면 그렇지 않은 것에는 어떤 것이 있을까요? 주변에서 찾아보고 그렇게 생각하는 까닭도 적어 보세요.

잘 다녀왔어요

● 쓸모없어 보이지만 그렇지 않은 것들

_____

_____

_____

● 그렇게 생각하는 까닭

_____

_____

_____

_____

김유정 문학촌

해학적인 소설로 웃음을 남긴, 영원한 문학청년

서울에서 ITX 열차를 타고 춘천으로 가다 보면, 끝자락에 '김유정역'이 있어요. 역 이름이 조금 이상하죠? 맞아요. 바로 소설가 김유정의 이름을 넣어 만든 역 이름이에요.

역에서 백 미터 정도 걷다 보면 몇 채의 초가집이 자리하고 있고, 주변엔 사계절의 변화를 알 수 있는 여러 꽃들과 나무들이 있는데, 이곳이 김유정 문학촌이에요. 봄기운을 받은 꽃망울의 수줌음, 여름의 기운찬 푸르름, 가을의 여린 코스모스 향기, 겨울의 눈부신 눈꽃 세상을 모두 간직하고 있는

곳이지요. 자연을 즐기다 보니 김유정도 꽃을 좋아하고, 사계절의 아름다움을 사랑했을 거라는 생각이 들었어요.

김유정은 우리나라 소설가 중에서 해학(사실을 그대로 드러내지 않고 과장하거나 비꼬아서 우습게 표현하는 방법)을 잘 사용한 작가로 손꼽혀요.

김유정의 대표작 「봄·봄」은 해학의 재미를 알 수 있는 소설이에요. 점순이 키가 크면 결혼을 시켜준다는 장인 말에 오랫동안 데릴사위로 일하던 청년이 매일 점순이 키가 크기를 기다리며 장인과 티격태격하는 이야기를 읽다 보면 웃음이 나올 수밖에 없어요.

어려서부터 몸이 허약하고 자주 아팠던 김유정은 25세에 폐결핵 진단을 받아 죽음을 앞둔 상황에서도 소설 「소낙비」를 써서 조선일보 신춘문예에 1등으로 당선돼요.

그가 쓴 31편의 소설 중 12편이 고향인 실레마을을 배경으로 하고 있는데, 김유정은 잘나고 똑똑한 주인공이 아니라 우직하고 순박한 주인공을 등장시켜 항상 웃음이 담긴 소설을 썼어요. 또한 그의 소설에는 그 시대를 살아가는 사람들의 모습이 실감나게 잘 그려져 있답니다. 김유정에게 웃음이란 슬프고 아픈 시대를 이겨내는 한 가지 방법이었을지도 몰라요.

폐결핵의 고통과 가난 속에서 김유정은 29세의 젊은 나이로 세상을 떠났지만, 고향 실레마을에서 영원한 문학청년으로 살아가고 있어요.

타임머신을 타고
점순이를 만나요

 '김유정역'의 이름은 어떻게 붙여진 걸까요? 역 이름에 사람 이름
을 붙인 곳은 김유정역이 처음이라고 해요. 「봄·봄」, 「동백꽃」 등 여
러 작품의 무대인 실레마을을 소중한 문화유산으로 가꾸기 위해 원
래 '신남역'이던 역의 이름을 '김유정역'으로 바꾼 거예요.

2010년에 수도권 전철이 개통되면서 기와를 얹은 한옥 형태의 새로운 김유정역을 지었고 예전 김유정역은 사용하지 않고 있어요.

이런 까닭으로 2002년 문을 연 김유정 문학촌은 전국의 문학촌 및 문학관 중 방문객이 가장 많은 곳이지요. 2016년 누적 관람객이 400만 명을 돌파했다고 해요. 눈앞에 금병산이 펼쳐져 있고 노란 초가집 지붕이 보이는 문학촌으로 한걸음 다가가면 타임머신을 타고 1930년대로 돌아간 것 같은 착각이 들어요.

🌱 김유정 생가와 기념 전시관

김유정 생가는 김유정 조카와 마을 사람들의 증언을 거쳐 복원했어요. 「동백꽃」에서 점순이가 닭싸움을 시키거나 「봄·봄」에서 자를 들고 점순이 키를 재는 소설 속 장면들이 동상으로 만들어져 있는데 관람객들에게 인기가 많아요.

6~7월이 되면 작은 정자 앞 연못에 활짝 핀 연꽃을 볼 수 있고 사계절 내내 들꽃도 볼 수 있어요.

생가 옆 기념 전시관에는 김유정 작가의 생애와 김유정이 사랑한 사람들의 이야기, 김유정의 편지 등이 전시되어 있어요.

🌱 김유정 이야기집

입구가 온통 책으로 둘러싸인 이야기집은 김유정 작가의 삶과 문학 세계를 눈으로 보고, 귀로 듣고 손으로 만질 수 있는 디지털 전시관이에요.

대표작들을 그림으로 담아 벽면에 전시하고 있는데 '봄봄'이라는 글자를 의자로 연출한 공간은 포토존으로 유명해요.

영상실에서는 「봄·봄」, 「동백꽃」 애니메이션을 감상할 수 있어요. 김유정의 「동백꽃」에는 사춘기를 맞은 소년, 소녀가 나오는데, 점순이는 "이놈의 닭 죽어라, 죽어라."하면서 자신의 닭과 소년의 암탉을 싸움 붙여 괴롭혀요. 소년이 자신의 마음을 몰라주자 소년의 관심을 끌기 위해 그런 거예요. 「동백꽃」 애니메이션을 보다 보면 친구들 생각도 나고, 슬며시 웃음이 나와요. 이곳에는 문학 작품을 마음껏 읽을 수 있는 유정 책방도 있어요.

이 밖에도 김유정과 관련된 예술작품들을 상설 전시하는 낭만누리와 천연 염색 체험방, 실레마을 한복 체험방, 전통 민화 체험방 등에서 다양한 체험을 할 수 있어요. 4월부터 10월까지는 매주 토요일에 야외무대에서 김유정의 생애나 김유정 작품을 소재로 한 오페라, 연극, 판소리 등의 공연이 펼쳐져서 가족 여행으로 와도 정말 좋아요.

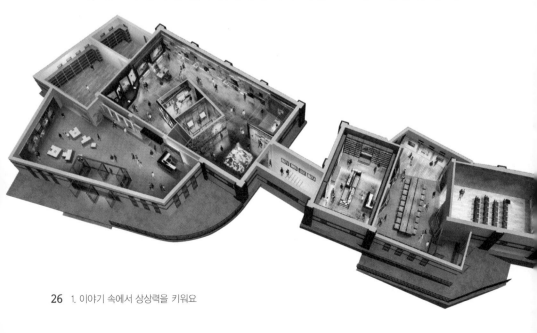

주소 강원도 춘천시 신동면 김유정로 1430-14
전시시간 9:00~18:00(3~10월),
        9:30~17:00(11~2월)
휴관일 매주 월요일, 1월 1일, 설날·추석 당일
관람료 개인(초등학생 이상) 1인 2,000원
        단체(30인 이상) 1인 1,500원
문의 033-261-4650

문학제 즐기기

　봄이 깊어지고 여름이 성큼 다가온다고 느껴질 때쯤, 실레마을에서 열리는 김유정 문학제에 참석해 보는 것은 어떨까요?

　김유정 문학제는 3일간 열리며 여러 가지 문화 예술 공연과 전시 행사 등 다양한 볼거리와 행사가 마련되어 있어요. 굴렁쇠 굴리기, 닭싸움, 신발 멀리 던지기 대회에도 참여할 수 있지요.

　재미있는 행사로는 '접순이 찾기 대회'가 있는데, 말 그대로 참가자들 중 「봄·봄」의 접순이와 「동백꽃」의 접순이를 선발하는 대회예요.

접순이 찾기

문학제 관람

굴렁쇠 굴리기

등장인물 분장

잘 다녀왔어요

 해학은 주어진 사실을 그대로 드러내지 않고 과장하거나 비꼬아서 우습게 표현하는 방법이에요. 어떤 아이가 잘난 척하면서 다른 아이들을 무시하고 있어요. 해학이 느껴지는 대화글을 만들어 보세요.

● 어떤 상황인가요?

● 대화글을 만들어 보세요

오영수 문학관

따뜻한 마음으로
단편 소설의
매력을 알리다

4월이 되면 벚꽃 축제를 하는 곳이 많아요. 벚꽃이 아름답기로 유명한 울주군은 우리나라의 대표적인 단편 소설가 오영수의 고향이에요.

1909년에 태어난 오영수는 미술교사로 일하다가 1950년에 서울신문 신춘문예에 「머루」가 입선하면서 창작 활동을 시작했어요. 그는 "문장은 짧을수록 아름답다."라는 작가적 신념으로 30여 년 동안 「갯마을」, 「메아리」 등 150여 편의 단편 소설을 남겼어요. 주로 농촌, 어촌 등 시골마을을 배경으로 가난하고 배우지 못했지만 따뜻한 마음을 가진 서민들의 이야기를 담아냈지요.

오영수는 1955년 1월에 창간된 『현대문학』의 초대 편집장으로, 20여 년 동안 근무하며 문학의 보급과 발전에도 힘을 기울였어요. 국내에서 가장 오랜 역사를 자랑하는 문예지인 『현대문학』은 한국문학을 대표하는 수많은 시인과 소설가 등을 배출하며 오늘날까지 발간되고 있어요.

마음이 따뜻했던 오영수는 많은 문인들을 아끼고 도와줬어요. 특히 천상병 시인을 아낀 작가는 시인이 자신의 집에서 지내도록 배려하고 매일 아침 출근하면서 책상 고무판 속에 시인의 술값과 차비를 넣어뒀다고 해요.

수많은 사람들에게 소설의 매력을 알려주고 소설가의 꿈을 갖게 만든 오영수는 그의 작품 속 인물처럼 사랑으로 따뜻하게 감싸 안을 줄 아는 넉넉한 마음을 가진 작가였지요.

자연을 벗 삼아 지내는
전원생활의 즐거움

    오영수 문학관은 울산광역시 울주군 언양읍 화장산 기슭에 자리 잡고 있어요. 언양이라고 하면 잘 모르는 친구들이 많을 것 같은데 삼국 시대 산성인 언양읍성, 경상남도 천주교 신앙의 출발지로 200년의 역사를 지닌 언양성당, 얇게 저며 먹는 불고기로 유명한 곳이에요.

    오영수는 자연을 벗 삼아 지내는 전원생활의 즐거움을 나타낸 중국 시인 도연명의 「귀거래사(歸去來辭)」를 즐겨 암송했다고 해요. 작가 역시 1977년 5월에 울주군으로 내려와 죽음을 맞을 때까지 글을 쓰고 책을 읽는 한편 낚시를 하고 만돌린을 연주하며 전원생활을 즐겼지요.

    오영수 문학관은 그의 작품과 정신을 그대로 나타낸 푸른 소나무 숲과 하늘을 배경으로 하고 있어요. 입체적인 구조의 2층 문학관은 울산 최초의 문학관으로 오영수의 문학 세계를 알리는 한편 다양한 문화 프로그램으로 사람들을 만나고 있어요.

🌱 작가와의 만남

문학관 전시실은 '난계 오영수와의 만남', '문인의 꿈을 품고', '오영수 창작실', '갯마을 속으로', '오영수 회고전'의 5개 주제로 나누어져 있어요.

'난계 오영수와의 만남' 주제에서는 작가의 흉상과 함께 작가 오영수를 소개하고 있어요. 또 작가가 쓴 소설 중 일부 구절들을 소개하고 작가의 서예 작품과 그림 등도 전시하고 있어요.

'문인의 꿈을 품고' 주제에서는 오영수가 문단에 등단하게 된 일화와 신춘문예에 당선된 작품인 「남이와 엿장수」를 소개하고 있어요. 미술 교사였던 오영수는 1949년에 소설가 김동리에게 「남이와 엿장수」를 보냈고, 김동리의 추천으로 등단을 하게 되었다고 해요. 마흔한 살의 나이에 소설가가 된 거지요. 꿈을 소중하게 키워 가고 있다면, 친

구들도 반드시 그 꿈을 이룰 수 있을 거예요.

　이곳에서는 『현대문학』을 창간한 후 오영수가 편집장으로 활약한 내용과 가족들과 함께 한 사진 등을 볼 수 있어요.

🌱 작품 속으로

　'오영수 창작실' 주제에서는 작가의 창작실을 재현해 놓고 작가의 대표 작품을 소개하고 있어요. 또 작가로 활동할 당시 작가의 모습이 담긴 사진과 작가가 즐겨 연주한 만돌린도 볼 수 있지요.

　이곳에서는 민중 판화가로 유명한 아들 오윤이 작가의 얼굴을 본뜬 데스마스크(사람이 죽은 직후에 그 얼굴을 본떠서 만든 안면상)도 전시되어 있어 감동을 더해요. 작가의 단편 소설의 한 부분을 들을 수 있는 헤드폰도 마련되어 있어요.

'갯마을 속으로' 주제에서는 「갯마을」의 배경이 되는 어촌 마을을 닥종이로 만들어 전시하고 있어요. 「갯마을」은 부산 기장군 일광면에 있는 바닷가를 배경으로 한 오영수의 대표작으로, 영화로 만들어지기도 한 작품이지요. 이곳에서 영화 「갯마을」을 영상으로 볼 수도 있고, 작가의 작품 중 한 구절을 직접 낭송하여 녹음하고 들어볼 수도 있어요.

🌱 작가를 그리며

'오영수 회고전' 주제에서는 작가의 간략한 소개와 작가가 지인들과 주고받았던 편지와 엽서를 볼 수 있어요. 또 작가의 문학정신과 예술혼을 기리기 위해 1993년에 제정한 오영수 문학상의 역사와 이동하, 현기영, 오정희 등 역대 수상 작가들에 대한 소개를 볼 수 있지요.

특히 2층에는 푸른 경치를 배경으로 하여 오영수의 작품을 비롯한 문학 작품을 읽으며 쉬어갈 수 있는 '문화사랑방'이 있어 여유를 즐기며 책을 읽고 쉴 수 있어요. 또 세미나, 강연 등을 할 수 있는 '난계홀'도 마련되어 있어요.

주차장 옆 커다란 나무 아래 의자에는 작가가 편안한 모습으로 앉아 있는데, 그 옆에 앉아서 작가의 시선이 어디에 머무는지 보는 것도 좋을 거예요. 문학관에서 시작하는 '오영수 문학길'을 따라 걸으면, 소박한 작가의 묘를 만날 수 있고, 작가의 모교로 문학비가 있는 언양초등학교, 안양읍성 등도 구경할 수 있어요.

주소 울산광역시 울주군 언양읍 헌양길 280-12

전시시간 9:00~18:00

휴관일 매주 월요일(월요일이 공휴일인 경우 다음날 휴관), 1월 1일, 설날·추석 당일

관람료 무료

문의 052-264-8511

오영수는 낚시를 하고 난을 가꾸며 전원생활을 즐겼어요.
만약 내가 시골에서 산다면 어떤 모습일지 그려 보고 어떤
일을 하며 시간을 보낼지 생각나는 대로 적어 보세요.

잘 다녀왔어요

- 내가 사는 시골의 모습 상상하여 그리기

- 시골에서 하고 싶은 일

이주홍 어린이 문학관

**해 같이 달 같이
오래오래 남을
어린이 문학가**

산골에 사는 돌이의 가장 좋은 친구는 메아리예요. 그런데 누나가 시집을 간 뒤 돌이는 모든 일에 흥미를 잃고 말아요. 메아리에게까지 말이죠. 메아리가 자신의 말만 따라하고 자기 마음은 몰라준다고 생각한 거지요. 그러던 어느 날 돌이네 소가 새끼를 낳아요. 신난 돌이는 산마루에 올라가 메아리한테 동생이 생겼다고 외쳐요. "너도 좋니?" 메아리가 누나 있는 곳까지 이 소식을 전해줄 거라고 생각하면서요.

위 내용은 이주홍의 동화 『메아리』에 나오는 이야기예요. 돌이의 말을 메아리가 돌려주는 장면을 읽으면 가슴이 울컥하지요.

1924년에 「잠자는 동생」이라는 동시로 문단에 데뷔한 이주홍은 동시, 동화 같은 어린이 문학뿐만 아니라 소설, 시, 수필, 희곡을 쓰고 연극연출가, 작곡가, 삽화가, 서예가로도 활동했어요. 종합 예술가라고 할 수 있죠. 그가 펴낸 책만 해도 200여 권에 달해요.

『못나도 울엄마』, 『아름다운 고향』, 『톡톡 할아버지』 등의 동화와 동시집 『현이네 집』을 통해 어린이들에게 꿈과 희망을 심어준 작가는 1958년 부산아동문학회를 창립해 지역 문학 발전에도 기여했어요.

재미있는 이야기를 생생한 언어와 간결한 문장으로 쓴 이주홍의 작품을 읽다 보면 가슴 한편이 따뜻해져요.

어머니라는 이름, 아버지라는 이름을 해 같이, 달 같이 오래갈 이름이라고 노래한 동시 「해 같이 달 같이만」처럼 이주홍 어린이 문학가의 이름도 해 같이 달 같이 오래오래 남을 거예요.

문학관 속으로

재미있게 놀면서
동심을 키워요

우리나라에 많은 문학관이 있지만 어린이 문학관은 이주홍 어린이 문학관이 유일해요. 어린이 문학관으로 이름을 정한 까닭은 어린이들에 대한 남다른 애정으로 어린이를 위한 소설과 동시 등을 많이 남긴 이주홍의 업적을 기리기 위해서예요.

이주홍 어린이 문학관은 작가가 태어난 경상남도 합천군 하부댐 부근에 있는데, 이주홍은 고향 합천에 많은 애정을 갖고 있었어요. 합천군가를 비롯해 합천중학교 교가, 남정초등학교 교가 등 여러 학교의 교가를 작사했지요.

예쁜 가정집처럼 보이는 문학관 앞에는 「감꽃」이라는 시와 더불어 어린이에게 책을 읽어 주는 이주홍 동상을 볼 수 있어요. 어린이에게는 재미있게 즐길 수 있는 곳, 어른들에게는 동심을 느낄 수 있는 추억의 장소예요.

주소 경상남도 합천군 용주면 합천호수로 828-7

전시시간 9:00~18:00

휴관일 월요일(월요일이 공휴일인 경우 다음날 휴관), 1월 1일, 설날·추석 당일

관람료 무료, 20인 이상 단체 관람 시 사전 예약

문의 055-933-0036

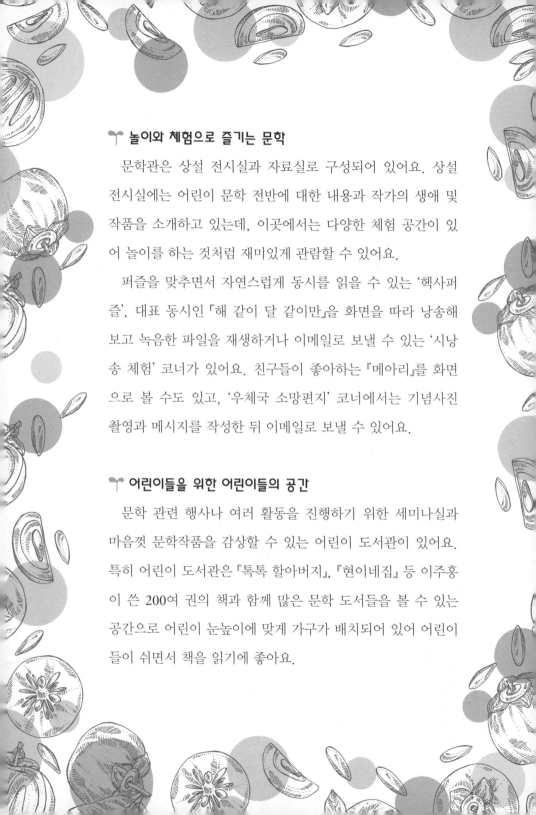

🌱 놀이와 체험으로 즐기는 문학

문학관은 상설 전시실과 자료실로 구성되어 있어요. 상설 전시실에는 어린이 문학 전반에 대한 내용과 작가의 생애 및 작품을 소개하고 있는데, 이곳에서는 다양한 체험 공간이 있어 놀이를 하는 것처럼 재미있게 관람할 수 있어요.

퍼즐을 맞추면서 자연스럽게 동시를 읽을 수 있는 '헥사퍼즐', 대표 동시인 「해 같이 달 같이만」을 화면을 따라 낭송해 보고 녹음한 파일을 재생하거나 이메일로 보낼 수 있는 '시낭송 체험' 코너가 있어요. 친구들이 좋아하는 『메아리』를 화면으로 볼 수도 있고, '우체국 소망편지' 코너에서는 기념사진 촬영과 메시지를 작성한 뒤 이메일로 보낼 수 있어요.

🌱 어린이들을 위한 어린이들의 공간

문학 관련 행사나 여러 활동을 진행하기 위한 세미나실과 마음껏 문학작품을 감상할 수 있는 어린이 도서관이 있어요. 특히 어린이 도서관은 『톡톡 할아버지』, 『현이네집』 등 이주홍이 쓴 200여 권의 책과 함께 많은 문학 도서들을 볼 수 있는 공간으로 어린이 눈높이에 맞게 가구가 배치되어 있어 어린이들이 쉬면서 책을 읽기에 좋아요.

이주홍의 동시 「감꽃」을 소리 내어 읽어 보고, 그 느낌을 써
보세요.

말갛게 쓸어 놓은
골목길 위에
감꽃이 떨어졌다
하나 둘 셋

감꽃은 장난감의
황금 목걸이
실에 꿰어 목에 거는
자랑 목걸이

어디서 자박자박
소리 나잖니
훈아야가 오기 전에
어서 줍자 얘.

● 느낌

황순원 문학촌 소나기마을

작품을 통해
자신을
증명하다

황순원의 「소나기」는 시골 소년과 서울에서 살다 시골로 온 소녀의 순수한 첫사랑 이야기를 담고 있어요. 서정적인 문장이 돋보이는 「소나기」는 많은 사람들이 사랑을 떠올릴 때 손꼽는 아름다운 소설이에요.

1915년 평안남도에서 태어난 황순원은 중학교 때부터 동요와 시를 썼고, 17세 때 「나의 꿈」이라는 시를 써 등단했어요. 그러다가 1940년에 「늪」을 발표하며 본격적으로 소설을 쓰기 시작했지요.

하지만 일제의 한글 말살 정책이 시작되자 고향집 골방에서 「기러기」, 「독 짓는 늙은이」 등의 소설을 계속 쓰면서도 작품을 발표하지 않았어요. 광복 후에야 작품들을 발표하고 1953년에는 『카인의 후예』, 『나무들 비탈에 서다』 같은 장편 소설을 썼어요.

1957년부터는 경희대학교에서 학생들을 가르치며 우리나라를 대표하는 작가들을 기르는 데 힘썼어요. 작가는 '인간 중심주의'의 문학 세계를 추구하며 예술원 회원과 대학교수 외에는 어떤 정치 활동도 하지 않았지요. 그의 올곧은 삶은 많은 문인들한테 존경의 대상이었어요.

"작가는 작품으로 말해야 한다." 라는 그의 말처럼, 황순원은 작품을 통해 자신을 증명한 순수문학의 대가로 남아 있어요.

순수한 사랑이
소나기로 내려요

황순원 문학관은 경기도 양평군에 있어요. 평안남도 대동군에서 태어난 황순원은 평양과 오산에서 짧게 생활한 뒤 대부분을 서울에서 생활했어요. 그렇다면 왜 경기도 양평군에 황순원 문학관이 있을까요? 황순원이 쓴 「소나기」를 보면 그 까닭을 알 수 있어요.

소설 「소나기」 마지막 부분에 "내일 소녀네가 양평읍으로 이사 간다는 것이었다."라는 내용과 소년과 소녀가 만난 징검다리 등 소설의 배경이 되는 곳이 바로 양평이거든요.

황순원 문학촌 소나기마을에 있는 황순원 문학관은 소년, 소녀가 소나기를 피해 있었던 수숫단을 형상화한 3층 건물로, 천정이 투명한 유리로 되어 있어요. 문학관 한가운데에 작가의 육필 원고를 새긴 투명한 조형물이 웅장하게 자리 잡고 있고, 그 주변에 '한눈에 보는 작가 연대기'가 있어 작가의 생애를 따라갈 수 있어요.

100여 편이 넘는 단편 소설과 7편의 장편 소설, 104편의 시를 남긴 황순원은 한 편의 작품을 완성하기 위해 수많은 교정을 하면서 작품을 완성했다고 해요. 이와 같은 노력 덕분에 그의 작품은 수많은 사람들의 가슴에 남아 있고, 황순원 문학관을 찾는 사람들의 발길도 끊이지 않고 있지요.

🌱 작가와의 만남

제1전시실은 황순원의 서재와 소장품, 유품 등을 모아 놓았어요. 작가가 마지막까지 작품을 썼던 서재를 옮겨놓았는데 병풍과 책장, 책상이 소박하게 자리하고 있지요. 작가가 학생들을 가르치러 갈 때 입었던 트렌치코트와 베레모도 볼 수 있어요. 또 작가의 육필 원고와 수많은 교정을 본 공책과 만년필, 시계, 도장 등의 유품도 전시되어 있어 직접 작가를 만난 것 같은 기분이 드는 곳이에요.

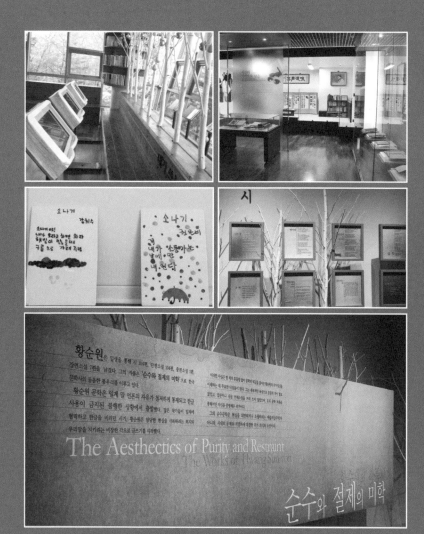

🌱 작품 속으로

제2전시실은 「독 짓는 늙은이」, 「목넘이마을의 개」, 「학」, 「소나기」 등 작가의 여러 작품을 만날 수 있는 곳이에요. 대표적인 작품의 장면들이 입체적인 조형물로 만들어져 있어 작품 속에 빠져들 것만 같아요.

또 문학 카페 '마타리꽃 사랑방'에서는 '소나기 책과 영상'이라는 주제로 소나기의 e북, 오디오북을 볼 수 있고, 황순원 작품과 함께하는 게임과 이야기, 원고지 쓰기, 편지 쓰기 등 관람객이 참가할 수 있는 즐길거리도 많아요.

주소 경기도 양평군 서종면 소나기마을길 24
전시시간 9:30~18:00(3~10월), 9:30~17:00(11~2월)
휴관일 매주 월요일(월요일이 공휴일인 경우 다음날 휴관), 1월 1일, 설날·추석 당일
관람료 어린이 1,000원, 청소년 및 군인 1,500원, 어른 2,000원, 6세 이하 어린이,
　　　　장애인, 65세 이상 노인, 국가유공자, 양평군민 무료, 20인 이상 단체 관람 시 500원 할인
문의 031-773-2299

🌱 아름다운 기억을 만나는 소나기마을

 황순원 문학촌 소나기마을은 황순원의 작품을 소재로 한 문학 테마 공원이에요. 황순원 문학관 바로 앞 소나기 광장에는 소년소녀 조각상과 원두막, 수숫단이 있어요. 수숫단 속으로 들어가 소나기의 주인공이 될 수도 있고, 소설 속 장면들을 떠올리며 재미있는 사진을 찍을 수도 있지요. 또 소나기를 내리게 하는 인공 소나기 시설이 있어 소나기를 맞을 수도 있어요. 고향의 숲, 수숫단 오솔길, 해와 달의 숲, 송아지 들판 등 자연 속에서 다양한 문학적 체험을 할 수 있어요.

잘 다녀왔어요

 사랑은 사람들에게 가장 소중하고 중요한 감정이라고 할 수
있어요. 만약 사랑이 없다면 어떤 세상이 될까요? '사랑'을
주인공(주제)으로 해서 짧은 이야기를 만들어 보세요.

● 제목 〰〰〰〰〰〰〰〰〰〰〰〰〰〰〰〰〰〰〰〰〰〰〰〰〰〰〰〰

02
내가 어떤
사람인지
생각해 봐요

구상 문학관

삶을 노래하는
구도자

어진 사람은 산을 좋아하고, 슬기로운 사람은 물을 좋아한다는 옛말이 있어요. 둘 다 좋아하면 어질고 슬기로운 사람이 아닐까요? 산을 끼고 도는 강물을 가만히 보고 있으면 많은 생각들이 떠올라요. 그렇게 하염없이 흐르는 강물을 바라보며 시를 쓰던 시인이 있었어요.

프랑스가 선정한 세계 200대 문인이면서 노벨 문학상 후보에 두 번이나 올랐던 구상 시인은 "세상에는 시가 필요해요."라는 유언을 남겼어요. '삶을 노래하는 구도자(진리나 종교적인 깨달음의 경지를 구하는 사람)'로 불리는 시인의 삶을 그대로 보여 주는 유언이라고 할 수 있지요.

가톨릭 신부가 되기 위해 베네딕도 수도원 신학교에 들어간 구상은 3년 만에 신학교를 그만 두고 일본대학 종교과에 다시 들어가 종교의 철학적 근거를 배우게 돼요. 그리고 인간 존재와 우주의 의미를 탐구하는 경향의 시를 쓰기 시작하죠.

1953년에 구상은 영남일보 편집국장을 지내면서 「초토의 시」를 써요. 「초토의 시」는 한국전쟁이라는 비극적 현실에서도 희망을 잃지 않고 신앙으로 극복하자는 내용을 담은 구상의 대표작이에요.

구상은 이승만 대통령의 독재를 비난하는 『민주고발』이라는 사회평론집을 출간하고 독재를 반대하는 강연을 해 감옥살이를 하기도 했어요.

아프고 힘든 때일수록 "세상에는 시가 필요해요."라는 말을 남긴 그의 시는 우리나라뿐만 아니라 프랑스, 영국, 일본 등 여러 나라로 출판되어 삶의 희망을 전하고 미래를 꿈꾸게 하지요.

시인이 사랑한
낙동강을 담다

구상은 1953년 경상북도 칠곡군 왜관에 정착하여 작품 활동을 하며 제자들을 가르쳤어요. 구상이 창작 활동을 한 관수재에는 시인 설창수가 만들어 준 현판이 걸려 있는데, '관수재(觀水齋)'는 '관수세심(觀水洗心: 흐르는 강물을 보면서 마음을 씻는다)'이라는 뜻이에요.

베네딕도 수도원 농장에서 밭일을 하던 시인은 자신의 삶을 소재

로 삼아 이곳에서 연작시 「밭 일기」 100편과 「강」 60편을 남겼어요.

관수재 바로 옆에 구상 문학관이 있어요. 구상 문학관은 중정(집 안의 건물과 건물 사이에 있는 마당)을 가진 'ㄷ'자 모양으로, 작품 의 배경이 되는 낙동강을 바라보고 자리하고 있어요.

문학관에 들어서면 "오늘 마주하는 이 강은 어제의 그 강이 아니 다."라는 「그리스도 폴의 강」 시비를 볼 수 있어요. 늘 자신을 변화시 키는 강과 끊임없이 자신을 단련한 시인의 삶은 서로 닮은꼴이라고 할 수 있어요.

🌱 시인의 삶과 함께

전시실에서는 구상의 일대기와 작품 연보를 볼 수 있어요. 길게 나열된 연보에 시인의 삶과 활동이 일제 강점기, 6·25 전쟁, 분단 등 우리나라의 근대사와 함께 쓰여 있어 시대 변화에 따른 시인의

변화를 알 수 있지요.

조금 더 들어가면 시인의 대표 작품들을 볼 수 있어요. 구상의 작품은 일찍부터 프랑스어, 영어, 스웨덴어 등으로 번역되어 세계 문학사의 한 페이지를 장식하고 있고, 많은 사람들에게 감동을 주고 있어요.

구상의 문학 활동을 보여 주는 시집과 산문집, 세계 각국의 언어로 번역된 시집도 볼 수 있고 딸에게 쓴 편지글을 모은 『딸 자명에게 보낸 글발』과 가족이 함께 찍은 사진도 전시되어 있어요.

또 시인이 즐겨 썼던 모자, 묵주, 안경, 만년필 등도 볼 수 있고, 구상과 가까이 지냈던 예술가들의 작품도 볼 수 있지요. 화가 이중섭이 구상 가족을 그린 'K 씨의 가족', 중광 스님이 그린 시인의 얼굴, 시인 노천명, 소설가 박종화 등 수많은 친구들과 주고받은 편지와 서화 등이 그것이지요. 시인의 대표적인 시 「초토의 시」, 「밭 일기」 등을 감상할 수 있는 '감상의 방'도 있어요.

🌱 시인의 문학 세계와 사상을 담아

문학관에는 문인들이 기증한 2만 7,000여 권의 책이 모아진 도서실이 있어요. 특히 저자의 서명이 담긴 책은 6,000권이 넘는데, 우리나라 문학관 중에서 저자의 서명이 담긴 책이 가장 많은 곳이에요. 그리고 구상의 문학 세계와 사상을 시인의 생생한 목소리로 직접 들을 수 있는 '영상실'이 있어 또 다른 감동을 체험할 수 있고, 조용히 책을 읽으며 휴식할 수 있는 북카페도 있어요.

주소 경상북도 칠곡군 왜관읍 구상길 191

전시시간 9:00~18:00(화~금요일, 일요일), 9:00~17:00(토요일)

휴관일 매주 월요일, 법정 공휴일

관람료 무료

문의 054-973-0039

꽃자리

구상

반갑고 고맙고 기쁘다
앉은 자리가 꽃자리니라

네가 시방 가시방석처럼 여기는
너의 앉은 그 자리가
바로 꽃자리니라

앉은 자리가 꽃자리니라

따뜻하고 넓은 마음을 가진 구상은 가난한 문인들과 어려운 이웃들을 많이 도와주었어요. 여러분도 혹시 봉사 활동이나 기부를 한 경험이 있나요? 그렇다면 그때 어떤 마음이 들었는지 이야기해 보세요.

● 봉사 활동이나 기부를 한 경험을 써 보세요.

● 그때 어떤 마음이 들었는지 이야기해 보세요.

안개의 강

기형도 문학관

순수하고 맑은 영혼, 좋은 시를 남기다

세상에 딱 시집 한 권만 남기고 떠난 시인이 있어요. 그 시집도 시인이 세상을 떠나고 난 뒤 친구들이 시인을 대신해 원고를 모아 출간한 거예요. 시집의 제목은 『입 속의 검은 잎』이고, 시집의 주인은 바로 서른 살에 뇌졸중으로 세상을 떠난 기형도예요.

『입 속의 검은 잎』은 지금까지 문학을 사랑하는 사람들의 폭발적인 관심과 사랑을 받고 있고, 기형도는 오늘날 우리나라를 대표하는 '천재 시인'으로 평가받고 있어요. "희망도 절망도 같은 줄기가 틔우는 작은 이파리일 뿐"이라고 노래한 기형도 시인은 순수하고 맑은 영혼으로 아름다운 시를 썼어요.

1960년에 태어난 기형도는 어릴 적 누이의 죽음과 아버지의 투병, 가난 등으로 우울한 시절을 보냈다고 해요. 혼자서 엄마를 기다리는 아이의 두렵고 슬픈 마음을 담은 「엄마 걱정」은 중학교 교과서에도 실려 있어요.

어린 시절부터 글 쓰는 일을 즐긴 기형도는 연세대학교 시절에 시를 써서 윤동주 문학상을 타기도 했어요. 한편, 광주 민주화 운동이 일어났을 때는 학교 시위에 가담하고 교내지에 글을 써서 조사를 받기도 했지요.

대학을 졸업한 기형도는 중앙일보 기자로 일하면서 틈틈이 시를 써 1985년 시 「안개」로 동아일보 신춘문예에 당선돼요. 「질투는 나의 힘」, 「아버지의 사진」 등 시를 한 편 한 편 쓰면서 언젠가 출간할 자신의 시집을 생각하며 설레었을지 몰라요. 비록 기형도는 자신의 시집을 직접 보지는 못했지만 오늘날 그의 시는 수많은 사람들과 만나고 있어요.

문학관 속으로

이제 희망을
노래하련다

　기형도의 시집 『입 속의 검은 잎』은 출간되자마자 젊은 사람들에게 꼭 읽어야 할 도서로 꼽히며 베스트셀러가 됐어요. 기형도의 독창적이고 개성이 강한 시는 오늘날에도 시인을 꿈꾸는 사람들에게 질투와 부러움의 대상이며, 시인의 삶과 그의 시 세계를 연구하는 사람들도 꾸준히 늘고 있어요.

　이처럼 뜨거운 사랑을 받는 기형도는 사람을 좋아하고 노래를 잘 불렀다고 해요. 교회 성가대 출신으로 '문단의 카수'로 통할 정도였는데 그가 노래를 부르면 모두가 그의 고운 음색에 귀를 기울였다고 해요.

　기형도 문학관은 시인이 유년기와 학창시절을 보냈던 광명시의 소하동 오리로에 자리하고 있어요. 2017년 11월 10일에 문을 연 3층 규모의 문학관은 세련된 그의 시처럼 현대적이고 감각적인 모습이에요.

　"미안하지만 나는 이제 희망을 노래하련다"라는 「정거장에서의 충고」의 첫 구절이 관람객을 맞이하고 있어요.

주소 경기도 광명시 오리로 268

전시시간 9:00~18:00(3~10월),
　　　　　 9:00~17:00(11~2월)

휴관일 매주 월요일

관람료 무료(학교나 단체 관람의 경우 사전 예약)

문의 02-2621-8860

🌱 시인의 생애와 작품을 만나는 시간

1층 전시실에서는 시인의 생애와 그의 작품들을 감상할 수 있어요. 기형도의 성격을 보여 주듯 깔끔하게 쓰여 있는 자필 원고와 일기장, 만년필, 즐겨 듣던 소형 라디오, 성적표, 상장 등을 보며 시인의 삶을 조금이나마 엿볼 수 있어요.

전시장 중간에 다다르면, 시의 내용을 이미지화한 스크린 화면이 눈앞에 펼쳐지고 바닥에서는 시어가 올라오는 3D 체험 장소가 있어요. 시인의 친구, 선후배의 인터뷰를 통해 시인의 모습도 만나고, 유명 시인이 낭송하는 기형도의 시를 헤드셋으로 듣고, 시를 필사하는 체험을 하다 보면 작가가 더 가깝게 느껴져요.

상설 전시실에서는 생전에 활동하던 시인의 모습을 다양한 사진으로 만날 수 있는데 시인의 놀라운 그림 실력도 함께 볼 수 있어요.

🌱 도서 공간과 체험실

2층에는 시집을 비롯해 여러 책들을 자유롭게 읽을 수 있는 도서 공간과 시인의 시구 도장을 엽서에 찍고 하고 싶은 말을 적어 벽에 붙이는 체험을 할 수 있는 북카페가 있어요. 이어 3층으로 올라가면 문학 관련 강의와 각종 행사를 하는 강당과 창작체험실, 전시하지 못한 시인의 물품을 보관하는 수장고를 볼 수 있어요.

문학관을 나오면 환하게 웃고 있는 시인과 「빈집」, 「엄마 걱정」 등의 시가 적힌 조형물을 볼 수 있고 자연 속에 기형도의 시를 만날 수 있는 '기형도 문화공원'이 있어요.

기형도는 혼자서 엄마를 기다리는 아이의 마음을 「엄마 걱정」이라는 시로 남겼어요. 혹시 친구들도 혼자서 엄마와 아빠, 친구들을 기다린 적이 있나요? 그런 기억이 있다면 그때 마음이 어땠는지 세 가지 단어들로 짧은 글을 써 보세요.

잘 다녀왔어요

● 마음을 표현하는 세 가지 단어

● 세 단어로 짧은 글을 써 보세요.

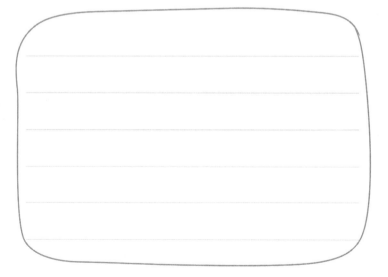

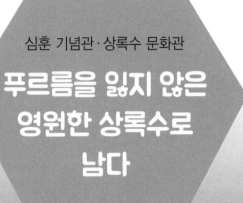

심훈 기념관·상록수 문화관

푸르름을 잃지 않은
영원한 상록수로
남다

"두개골은 깨어져 산산조각이 나도 기뻐서 죽사오매 오히려 무슨 한이 남으로리까." 심훈의 시 「그날이 오면」의 한 구절이에요. 자신이 죽더라도 독립이 되기를 바랐던 시인의 절절한 마음이 느껴져요.

저항 시인이자 농촌 계몽 소설가로 알려진 심훈은 방송사와 신문사에서 일한 언론인이기도 했고 잘 나가는 영화인이기도 했어요. 하지만 여러 방면으로 재능을 꽃피웠던 그의 작품들을 검열로 보기 어려웠던 시절이 있었어요. 신문에 장편 소설을 연재하다가 두 번이나 검열에 걸려 연재를 그만 뒀고, 시집 『그날이 오면』을 발간하려던 계획도 일제의 검열로 빛을 보지 못했어요.

서울 생활을 정리하고 충남 당진으로 내려간 심훈은 1930년대 일제 강점기 농촌을 배경으로 계몽운동을 하는 남녀의 사랑과 헌신을 담은 소설 『상록수』를 썼어요. 『상록수』는 대표적인 농민소설로 농민문학의 장을 여는 데 큰 공헌을 했어요.

밭을 가는
농부의 마음을 담다

보통의 문학가와 달리 심훈은 신문기자, 영화인, 시인, 소설가 등 여러 가지 일을 했어요. 자유롭고 낭만적이었던 심훈은 유명한 혁명가 이회영, 신채호 등과 만나기도 하고 신여성들과 연애를 하기도 했지요.

청년들에게 큰 인기를 끈 『상록수』는 심훈의 고향으로 바다와 행담도가 한눈에 들어오는 당진 부곡리와 포구를 배경으로 하고 있어요.

주인공 동혁이 상록수를 바라보며 농민을 위해 살 것을 다짐하는 『상록수』 마지막 장면처럼 항일 시인이자 계몽 문학의 선구자였던 심훈은 긴 세월이 지나도 푸르름을 잃지 않는 상록수로 남아 있어요.

상록수의 늘 푸른 정신을 본받자는 취지로 건립된 상록탑, 편안한 휴식 공간인 상록수 공원, 시민 축제의 장인 심훈 상록문화제에 이르기까지 당진과 심훈은 떼려야 뗄 수 없어요. 특히 심훈 상록문화제는 심훈의 정신을 이어나가기 위해 마련된 것으로, 1977년부터 매년 다양한 행사와 공연이 열리고 있어요.

주소 충청남도 당진시 송악읍 상록수길 105
전시시간 10:00~17:00
  (점심시간 12:00~1:00는 전시 불가)
휴관일 매주 월요일, 1월 1일, 설날·추석 당일
관람료 무료(해설 요청 시 사전 예약)
문의 041-360-6892

또 당진 부곡리에 가면 심훈 기념관, 상록수 문화관, 심훈의 집인 필경사를 한꺼번에 만날 수 있어요.

🌱 상록수를 만나다

'필경사'는 심훈이 직접 설계한 집으로, 논밭을 가는 농부의 마음으로 붓을 잡는다는 뜻을 담아 이름을 붙였어요. 마당 한편에 "누구든지 학교로 오너라. 배우고야 무슨 일이든지 한다."라고 하며 야학의 종을 치는 영신과 동혁의 반가운 모습을 볼 수 있고, 맞은편 잔디밭에서는 상록수를 배경으로 아이와 함께 책을 읽는 작가의 모습을 만날 수 있어요.

건넌방에는 심훈이 쓰던 책상과 읽었던 책들을 볼 수 있는데 책상위에 놓여 있는 심훈의 소설이 연재된 신문이 인상적이에요. 부엌의 아궁이와 화장실 모두 당시의 모습을 재현한 것이라고 해요. 집 앞에는 상록수인 향나무가, 집 뒤에는 소나무숲이 에워싸고 있어요.

필경사 옆에는 심훈의 묘가 있는데 묘비에는 "독립유공자, 작가 심훈 여기 잠들다."라고 적혀 있어요.

🌱 농부의 마음으로 붓을 잡다

"논밭을 일구는 농부의 마음으로 붓을 잡는다."라는 작가의 마음은 기념관에도 담겨 있어요. 기념관 앞에는 책을 펼친 채 서 있는 심훈 동상이 있고 그 옆에는 「그날이 오면」이라는 시가 새겨져 있어요.

전시실로 가서 '심훈의 예술세계로의 여행'에 참가하면 심훈의 일생을 다룬 영상물과 연보를 만날 수 있어요. 3·1 운동에 참가하고 감옥에 갇혔을 때, 만주 유학을 갔을 때, 농촌계몽운동과 상록수를 집필할 때 등 시인이자 소설가, 언론인이자 영화인이었던 심훈의 다양한 활동을 한눈에 이해할 수 있어요.

또 『상록수』를 이해하기 쉽게 그림과 함께 소개하고 있고, 『상록수』의 실제 주인공이 살아온 모습과 활동도 알 수 있지요.

전시실에는 다양한 표지로 출간된 『상록수』가 전시되어 있고, 『상록수』 외에도 『직녀성』, 『불사조』 등 심훈의 다른 작품들도 전시되어 있어요. 작가의 원고 사본도 만날 수 있지요.

🌱 그날이 오면

상록수 문화관은 큰 기와집으로, 「그날이 오면」이 새겨진 커다란 검은 돌 시비가 사람들을 맞아주어요. 문화관에 들어서면 심훈의 약력, 가계도, 소설이 연재된 신문, 심훈 관련 신문기사, 사진 등을 볼 수 있어요.

또한 작가가 3·1 운동에 참여하여 서대문형무소에 투옥되었던 시절에 "어머님께서는 조금도 저를 위하여 근심치 마십시오. 지금 조선에는 우리 어머님 같으신 어머니가 몇 천 분이요 몇 만 분이나 계시지 않습니까?"로 시작하는 「옥중에서 어머니께 올리는 글월」을 비롯해 수백 편의 원고 사본과 그가 사용했던 책상, 손때 묻은 유품들도 볼 수 있어요.

특히 눈길을 끄는 것은 시집 『그날이 오면』의 검열본이에요. 고등학교 교과서에도 실려 있는 「그날이 오면」 원고는 빨간 펜으로 적힌 일제의 검열 기록이 생생하게 남아 있어요. 일본은 우리나라의 정신을 지배하고 억압하기 위해 조금이라도 거슬리는 내용이 있으면 빨간색으로 표시하고 삭제 도장을 찍어 출판 허가를 내주지 않았어요. 『그날이 오면』은 1932년 조선총독부의 검열로 출판을 못하고 심훈이 죽은 뒤인 1949년에 출간되었어요.

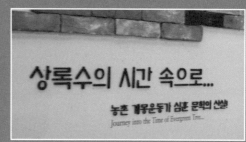

문학제 즐기기

    매해 9월 말 당진에서는 유명한 지역문화 축제인 심훈 상록문화제가 열려요. 이 시기에 맞춰 문화제에 참여하면 짙고 푸른 문학의 향기를 느낄 수 있어요. 당진 시청을 중심으로 심훈 시 깃발전을 비롯해 서예, 사진, 문인화 등의 전시행사가 열린답니다. 수변 공원의 공연장에서는 문화제 기간 동안 많은 공연들이 쉴 새 없이 펼쳐져서 심심할 틈이 없을 거예요.

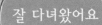
잘 다녀왔어요

 심훈은 시인이자 소설가이고 신문기자였어요. 또 영화배우이기도 하고 영화를 만들기도 했지요. 내가 하고 싶은 일에는 어떤 것들이 있나요? 미래에 하고 싶은 일을 모두 쓴후 번호를 매겨 보고, 꿈을 이루기 위한 활동을 하나씩 적어 보세요.

● 내가 하고 싶은 일   ● 꿈을 이루기 위한 활동

요산 문학관

사람답게 살아가기를 바란 민족문학의 큰 스승

　공연, 패션, 전시, 먹을거리 등의 주제로 독특하게 꾸민 거리를 테마 거리라고 해요. 부산 남산동에는 '요산 문학로'가 있어요. 우리나라 민족문학의 거장이자 부산을 대표하는 소설가 김정한의 호를 따서 만든 문학 거리예요.

1908년 부산 남산동에서 태어난 김정한은 1936년 조선일보 신춘문예에 친일파 승려 지주와 소작 농민들 사이의 갈등을 그린 「사하촌」이 당선되면서 등단했어요.

김정한은 「옥심이」, 「기로」 등 일제에 항거하는 소설을 쓰다가 일제의 우리말 말살정책으로 한국어 교육이 폐지되고 동아일보, 조선일보가 폐간되자 붓을 꺾었어요.

끊임없이 친일 문학 쓰기를 강요당했지만, 끝까지 자신의 뜻을 굽히지 않았지요. 김정한은 소설에서뿐만 아니라 현실에서도 부정과 불의를 참지 못했어요.

1928년에는 조선인 교사의 차별을 해소하기 위해 조선인교원연맹 결성을 모의한 혐의로 체포되었고, 광복 후에는 남한 단독 선거 반대 운동을 하다가 고초를 겪기도 했어요. 또 1960년 4·19 혁명 때는 교수 데모에 앞장서기도 했어요.

소설 「산거족」에서 주인공이 이야기한 "사람답게 살아가라. 비록 고통스러울지라도 불의에 타협한다든가 굴복해서는 안 된다. 그것은 사람이 갈 길은 아니다."라는 말은 작가 자신의 신념이기도 했어요.

그의 소설 속의 말처럼 김정한은 급변하는 우리나라 역사를 온몸으로 부딪치며 올곧게 살아온 작가이자 "글이 사람이다."라는 말에 그 누구보다 어울리는 작가였어요.

밝고 곧은 것에 대한
희망을 포기한 적이 없다

부산에서 태어난 김정한은 고향인 부산을 지키며 소설을 쓰고 학생을 가르치고 언론인으로도 활동했어요. 김정한의 삶과 문학 세계를 만나고 싶다면 부산지하철 1호선 범어사역에서 내려 1번 출구로 나가면 돼요.

길목 곳곳에 그의 흔적을 볼 수 있는 '요산 문학로'를 따라 천천히 길을 걷다보면 언덕 끝에 있는 요산 문학관을 만나게 되지요. 커다란 창들이 많은 붉은 벽돌 건물로 문학관 입구 바닥에는 김정한의 삶을 가장 잘 표현한 "사람답게 살아가라."라는 글이 쓰여 있어요.

많은 사람들이 사랑하고 존경한 김정한의 흉상을 지나 1층으로 들어가면 관람객들이 편안하게 차를 마시고 책을 볼 수 있는 북카페가 있어요.

문학관 바로 옆에 있는 김정한 생가는 3칸짜리 기와집인데, 마당에는 회화나무와 은행나무가 서 있어요. '요산연거'라는 현판이 있고 모서리에는 부엌, 옆과 뒤편에는 낮은 굴뚝이 세워져 있어요.

주소 부산광역시 금정구 팔송로 60-6

전시시간 10:00〜17:00

휴관일 매주 월요일, 법정 공휴일

관람료 1,000원

문의 051-515-1655

🌱 자연을, 삶을 사랑한 작가

계단을 통해 2층 전시실로 올라가다 보면 "무척 긴 어둠의 날들을 살아온 셈이지만 밝고 곧은 것에 대한 희망을 포기해 본 적이 없다."는 김정한의 삶에 대한 철학을 볼 수 있어요.

전시실에서는 작가의 생애와 그의 작품들과 작품 세계를 알 수 있는 자료, 작가의 육필 원고 등을 볼 수 있는데 특히 작가가 직접 세밀하게 그림까지 그린 '식물도감'이 인상적이에요. 작가는 "세상에 이름 모를 꽃이 어딨노. 명색이 작가라면 나무 이름을 제대로 불러주고 대접해야지!"라고 말하며 직접 식물도감을 만들었다고 해요.

이 밖에도 「난장판」, 「세월」 등 작가의 미발표 소설 원고를 만날 수 있고, 지인들이 쓴 편지와 안경, 만년필 등 작가의 유품도 볼 수 있어요.

전시실 안 통유리로 된 창가 쪽에 작가가 직접 사용한 작은 책상과 의자가 있는데, 이곳에서 따뜻한 햇살을 맞으며 작가가 살던 집을 볼 수도 있어요.

🌱 문학인의 꿈을 키워요

지하 1층에는 대관이 가능한 강당이 있고 3층에는 누구나 자유롭게 이용할 수 있는 창작실이 있어요.

2층 전시실 바로 옆에 문이 하나 있는데 그 문으로 나가면 아기자기하게 꾸며진 정원이 나타나요. 예쁘게 잘 만들어져 있어서 문학관을 찾는 친구들한테 인기있는 장소이지요.

김정한은 "사람답게 살아가라."라는 신념을 갖고 살았어요.
내가 생각하기에 "사람답게 살아가라."는 어떤 뜻일지 써
보세요. 그리고 나만의 신념을 하나 만들어 보세요.

● "사람답게 살아가라。"에 대한 나의 생각

● 나만의 신념

윤동주 문학관

별을 사랑하다가
우리 마음에
별이 되다

밤하늘에 보이는 별빛이 사실은 아주 오래전의 빛이라는 것을 알고 있나요? 별빛은 수백만 년, 아니 수십억 년이라는 시간을 거쳐서 우리에게 온 것이랍니다. 이렇게 귀하고 아름다운 별을 누군가와 같이 볼 수 있다면 더욱 행복하겠죠? 아주 오래전 별을 사랑한 시인 윤동주도 지금 내가 보고 있는 그 별빛을 같이 보았던 사람이랍니다. "별을 사랑하는 마음으로 모든 죽어가는 것들을 사랑해야지."라고 노래한 시인 윤동주를 알고 있나요?

"죽는 날까지 하늘을 우러러 한 점 부끄럼이 없기를" 아마 시와 친하지 않은 친구들도 이 시의 제목을 알고 있을 거예요. 바로 윤동주의 「서시」첫 구절이지요.

"한 점 부끄럼 없는" 삶을 살기 위해 노력한 윤동주에게 시는 생명이고 바로 자기 자신이었어요. 그런 까닭에 윤동주의 시는 시대를 넘어 오늘날까지 많은 사랑을 받고 있지요.

내성적이고 눈물이 많던 윤동주는 초등학교 때 이미 친구들과 『새명동』이라는 문예지를 펴냈어요. 중학교 때에는 「공상」이라는 시를 발표하기도 하였지요.

그후 오늘날의 대학교에 해당하는 연희전문학교에 들어가 「자화상」, 「새로운 길」을 발표하고 졸업한 뒤에는 19편의 시가 담긴 『하늘과 바람과 별과 시』세 권을 직접 엮어냈어요.

일제 강점기 시대, 윤동주는 시를 쓰는 것 말고는 더 큰일을 할 수 없다는 것에 절망하며 나라를 빼앗긴 슬픔과 부끄러움을 시로 써 내려갔지요. 또 "별을 노래하는 마음으로" 힘없는 나라와 모든 생명들을 사랑하고, 시인으로서의 길을 묵묵히 걸어갔어요. 하지만 일본에서 대학에 다니던 중 조선의 독립을 선동했다는 이유로 체포되어 징역 2년형을 받고 감옥 독방에 갇히게 됩니다. 이어 생체실험 도구로 이름 모를 주사를 맞고 1945년 2월 16일, 29세의 나이로 세상을 떠나지요.

오늘 윤동주 시인의 시 한 편을 읽어 보는 것은 어떨까요?

문학관 속으로

낡고 오래된 공간에
시인의 맑은 마음을 담다

　　윤동주의 시들이 순수하고 소박한 것처럼 윤동주 문학관 역시 그의 시와 닮아 있어요. 서울 종로구 청운동에 있는 윤동주 문학관 입구의 하얀색 계단을 걸어 올라가면, 하얀 벽에 새겨진 시인의 얼굴과 「새로운 길」이라는 시를 만나게 돼요.

윤동주 문학관은 새로 지은 건물이 아니라 수도가압장(수돗물의 느린 물살에 압력을 가해 다시 잘 흐르도록 도와주는 일을 하는 곳)과 물탱크를 새롭게 고쳐서 만든 건물이에요. 인왕산 자락에 버려져 있던 청운수도가압장과 물탱크가 2012년 7월 25일, 우리나라를 대표하는 시인의 문학관으로 새롭게 탄생한 거죠.

윤동주 문학관은 뛰어난 공간연출로 서울시 건축상 대상을 받기도 했어요. 윤동주 문학관에서 가장 특별한 공간은 물탱크 내부를 영상실로 만든 제3전시실이라고 할 수 있어요.

캄캄한 전시실이지만 외부에서 한 줄기 빛이 들어오게끔 되어 있는데, 이소진 건축가는 윤동주의 시 「자화상」에 나오는 '우물'의 이미지에서 영감을 받아 문학관을 디자인했다고 해요.

🌱 시인채

'시인채'는 제1전시실로, 시인이 태어나 자란 집에 있던 우물(나무로 된 우물의 윗부분)을 복원한 것이 중앙에 있고, 9개의 전시대에 시인의 시집, 사진 자료, 당시 발간되었던 잡지 등이 전시되어 있어요.

또박또박 예쁜 글씨체로 쓴 『하늘과 바람과 별과 시』 원고지를 가만히 보면 예쁘고 맑은 시인의 성격을 짐작할 수 있어요. 시인의 작품은 현재까지 「눈」, 「봄」, 「조개껍질」 등의 동시와 「서시」, 「별 헤는 밤」, 「자화상」 등 모두 116편이 전해지고 있어요. 이곳에는 시인이 즐겨보던 책들도 전시되어 있는데 시인이 특히 사랑한 책은 백석과 정지용, 김영랑의 시집이라고 해요.

주소 서울특별시 종로구 창의문로 119

전시시간 10:00~18:00

휴관일 매주 월요일, 1월 1일, 설날·추석 연휴

관람료 무료(단체 방문 및 해설 요청 시 사전예약)

문의 02-2148-4175

🌱 열린 우물

'열린 우물'은 제2전시실에 붙은 이름이에요. 물탱크의 지붕을 걷어낸 네모난 공간 한쪽 위에 콘크리트 덩어리가 돌출되어 있어요. 물탱크실로 들어가던 입구와 철 사다리, 물의 흔적이 벽에 고스란히 남아 있고, 열린 우물이라는 이름에 걸맞게 활짝 열린 네모난 하늘의 가장자리에 넘실거리는 나무를 만날 수 있지요.

전시실이라는 이름이 붙어 있지만, 전시되어 있는 것은 아무것도 없어요. 아마도 이곳에서 시인의 마음을 느끼길 바라는 마음이 담겨 있는 것은 아닐까요? 이곳에 서 있으면 파란 하늘처럼 맑은 시인의 영혼과 밤하늘의 별들을 마주할 수 있을 것 같은 느낌이 들어요.

🌱 닫힌 우물

제3전시실인 '닫힌 우물'에서는 컴컴한 공간 속에 놓여 있는 작은 의자에 앉아서 시인의 삶과 시 세계를 담은 영상을 볼 수 있어요. 영상을 본 뒤 네모난 공간으로 쏟아지는 빛을 보면 감옥에서 조국의 독립을 바라던 시인의 마음을 절로 떠올리게 될 거예요.

🌱 시인의 언덕

문학관 왼쪽에 나있는 목조 계단을 올라가면 만나게 되는 시인의 언덕에서는 서울 풍경을 한눈에 내려다볼 수 있어요. 「하늘과 바람과 별과 시」의 서문으로 쓴 「서시」의 비석을 보면, 인왕산에 올라 시상을 떠올린 시인의 모습이 바로 앞에 있는 듯 느껴지지요.

어두운 공간이지만 쏟아지는 햇빛을 보며
희망을 느낄 수 있는 '닫힌 우물'

푸른 하늘과 나무, 신선한 바람과
만날 수 있는 '열린 우물'

문학제 즐기기

　하늘이 높고 맑은 계절인 가을이 오면, 윤동주 문학제가 열려요. 매년 다양한 체험행사들이 준비되는데, 지난 문학제에서는 타자기와 만년필을 이용해서 윤동주 시인의 시를 직접 써보거나, 윤동주 시인의 캐리커처도 그려 볼 수 있었어요.

　이번에는 어떤 체험을 해볼 수 있을지 궁금하지 않나요? 문학관과 시인의 언덕에는 시화공모전 출품작들이 전시되어 있고, 밤에는 전국 윤동주 창작 음악제 본선 무대가 열려요. 날이 선선해진 밤에 별빛 아래에 앉아 아름다운 노랫소리를 들어보는 건 어떨까요.

윤동주의 「서시」를 보면 "별을 노래하는 마음으로 모든 죽
어 가는 것을 사랑해야지."라는 부분이 있어요. '별을 노래
하는 마음'은 순수하고 애틋한 마음이라고 할 수 있어요.
'별을 노래하는 마음'을 넣어 짧은 시를 써 보세요.

잘 다녀왔어요

제목

03
슬프고 힘들어도
쓰러지지 않고
앞으로 나가요

김수영 문학관

온몸으로
시를 쓰다

김수영문학관
金洙暎文學館

몇 줄 되지 않는 시를 읽고 감동으로 가슴 떨리는 경험을 한 적이 있나요? 그럴 때면 시인이 어떻게 이런 시를 썼을까 하는 궁금증이 들지요.

해방 후에 우리나라 시의 새로운 방향을 제시한 것으로 평가받는 김수영은 "시작(시를 쓰는 것)은 머리로 하는 것이 아니고 심장으로 하는 것도 아니고 몸으로 하는 것이다. 온몸으로 밀고 나가는 것이다. 정확하게 말하면, 온몸으로 동시에 밀고 나가는 것이다."라고 했어요. 김수영에게 시는 예술이라기보다 삶이고 삶은 곧 시였음을 알 수 있지요.

8남매의 장남으로 태어난 김수영은 연극 연출을 하다가 광복이 된 뒤 「묘정의 노래」를 발표하며 시인의 길에 들어서지요.

사람들이 거리를 꽉 메운 4·19 혁명이 일어나자 시인은 4월 혁명의 현장을 생생히 목격하고 벅차오르는 자유에 대한 목마름으로 여러 편의 시와 산문을 썼어요. 정치와 사회 현실에 대한 자신의 생각을 거침없이 표현한 그의 시는 4월 혁명을 겪으면서 완성되었다고 해요.

그는 "푸른 하늘을 제압하는/노고지리가 자유로왔다고/부러워하던/어느 시인의 말은 수정되어야 한다"라는 「푸른 하늘을」이라는 시에서 자유와 민주주의를 얻기 위해서는 투쟁이 필요하다고 노래해요.

시를 통해 현실을 비판하고 사회 정의를 노래하던 시인은 1968년에 교통사고로 세상을 떠났지요. 하지만 그의 뜨겁고 강렬한 시는 사람들의 마음속에 생생하게 살아 있어요.

문학관 속으로

가장 진지한 시는
가장 큰 침묵으로 승화되는 시다

❦ 풀, 평화, 사랑, 그리고 실천

　전시실에 들어서자마자 김수영을 대표하는 시「풀」을 그림으로 만날 수 있어요. 김수영은 이 시를 쓰고 얼마 지나지 않아 교통사고로 세상을 떠났는데「풀」은 억눌려 사는 민중을 표현한 것으로 김수영의 깊어진 시세계를 볼 수 있는 작품이에요.

　시인의 연표와 시인의 작품을 6·25 전쟁, 4·19 혁명, 5·16 군사정변 등 현대사와 함께 전시해서 시인의 시가 어떻게 변화하고 발전했는지 더 잘 이해할 수 있어요. 수정한 흔적이 고스란히 남아 있는 색바랜 원고지를 보면 온몸으로 시를 쓴다는 시인의 마음을 조금은 느낄 수 있어요.

　김수영 시인의 시에 쓰였던 단어들을 사용해 즉흥시를 지을 수 있는 '시작' 코너도 있고, 김수영 시인의 작품을 선택해 직접 낭송하고 녹음할 수 있는 '김수영을 노래하다'라는 체험 공간도 있어요. 시를 읽고 난 뒤 소감을 적을 수도 있어요.

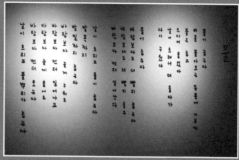

풀

풀이 눕는다
비를 몰아오는 동풍에 나부껴
풀은 눕고
드디어 울었다
날이 흐려서 더 울다가
다시 누웠다

풀이 눕는다
바람보다도 더 빨리 눕는다
바람보다도 더 빨리 울고
바람보다 먼저 일어난다

날이 흐리고 풀이 눕는다
발목까지
발밑까지 눕는다
바람보다 늦게 누워도
바람보다 먼저 일어나고
바람보다 늦게 울어도
바람보다 먼저 웃는다
날이 흐리고 풀뿌리가 눕는다

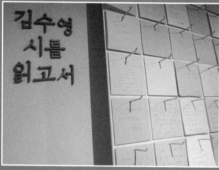

주소 서울특별시 도봉구 해등로 32길 80
전시시간 9:00~17:40
휴관일 매주 월요일(월요일이 공휴일인 경우 다음날 휴관)
1월 1일, 설날·추석 당일
관람료 무료
문의 02-2091-5673

🌱 온몸의 시학, 곧은 정신

제2전시실은 시인의 삶과 일상에서 남긴 자료를 통해 시인을 이해할 수 있는 공간이에요.

그의 책과 그에 관한 책들이 꽂힌 책장, '상주사심(常住死心; 늘 죽을 각오를 하며 살아야 한다)'이라는 시인의 좌우명이 적힌 액자가 걸려 있는 서재가 인상 깊었어요. 즐겨 읽었던 영어, 일본어 원서들도 있고, 사진들로 시인을 만날 수도 있지요.

시인이 지인들과 주고받았던 편지와 지인들이 말하는 김수영에 대한 이야기도 전시되어 있어 우리가 몰랐던 시인의 성격을 알 수 있어요. 또 1981년에 제정된 김수영 문학상 수상집들이 전시되어 있는데, 김수영 문학상은 시인들 사이에서 가장 권위 있는 시문학상으로 인정받고 있어요. 한편 김수영 문학관 출입문 맞은편 아파트 담벼락에는 「파밭 가에서」라는 그의 시와 "가장 진지한 시는 가장 큰 침묵으로 승화되는 시다."라는 그의 말이 걸려 있어요.

🌱 오늘도 시인을 기리다

시인이 죽은 지 1년 뒤, 김동리, 박목월 등 한국의 대표적 문인들은 시인을 추모하고 그의 정신을 기리기 위해 서울 도봉산 기슭에 시비를 세웠어요. 문인들과 독자들로 구성된 290여 명의 사람들이 십시일반 모은 성금을 바탕으로 건립된 김수영의 시비에는 김수영의 대표작이자 마지막 작품인 「풀」이 새겨져 있지요. 시비는 1991년 도봉산 도봉서원 앞으로 옮겼어요.

김수영 문학관에서는 김수영을 기리는 여러 행사도 하고 있어요. 김수영 시낭송 대회와 김수영 청소년문학상, 김수영 문학상이 대표적인데 문학을 사랑하고 작가를 꿈꾸는 많은 청소년들이 이 행사에 참여해요.

이 밖에 지역 주민들과 이곳을 찾는 사람들을 위한 작은도서관과 아동열람실이 있고, 세미나와 시낭송회 등을 할 수 있는 대강당과 야외 쉼터가 있어요.

풀

김수영

풀이 눕는다
비를 몰아오는 동풍에 나부껴
풀은 눕고
드디어 울었다
날이 흐려서 더 울다가
다시 누웠다

풀이 눕는다
바람보다도 더 빨리 눕는다
바람보다도 더 빨리 울고
바람보다 먼저 일어난다

날이 흐리고 풀이 눕는다
발목까지
발밑까지 눕는다
바람보다 늦게 누워도
바람보다 먼저 일어나고
바람보다 늦게 울어도
바람보다 먼저 웃는다
날이 흐리고 풀뿌리가 눕는다.

김수영은 4·19 혁명에서 큰 충격을 받고 본격적으로 현실 참여시를 쓰게 돼요. 내게 일어난 일 중에서 가장 큰 충격을 주었던 일은 무엇인가요? 그리고 그 까닭은 무엇인가요?

잘 다녀왔어요

● 가장 큰 충격을 주었던 일

_____

_____

_____

● 충격을 받은 까닭

_____

_____

_____

_____

만해 문학박물관

영원히 꺼지지 않을
민족혼을 불사르다

맑은 공기와 깨끗한 물, 푸른 숲이 살아 숨 쉬는 곳! 만해 한용운을 기리기 위해 만든 만해마을은 내설악의 넉넉한 자연환경 속의 휴식 공간으로 자리하고 있어요. 한겨울에도 우뚝 서 있는 소나무와 잘 어울리는 장소이지요. 마을 전체를 만해 한용운, 단 한 사람을 위한 공간으로 만들었다니 한용운은 정말 대단한 사람일 거예요.

요즘 친구들이 존경하는 사람으로 백범 김구를 많이 뽑아요. 그렇다면 김구가 가장 존경한 사람은 누구였을까요? 바로 시인이자, 독립 운동가, 승려인 만해 한용운이었다고 해요. 김구는 자신보다 세 살 어리지만 조국 독립을 향한 한용운의 기개와 올곧음을 존경했어요.

1905년에 백담사로 들어가 만해라는 법호를 받은 한용운은 1919년 3·1 운동 때 불교계를 대표한 민족대표 33인 중의 한 사람이기도 해요. 그는 독립선언서에 서명하고 자기 발로 자수하여 감옥에 들어갈 정도로 굽힘이 없고 꼿꼿한 성격의 소유자였어요.

70여 편의 시를 한 달 만에 써 내려갈 정도로 시인으로서의 재능도 뛰어났던 그는 47세에 "님은 갔습니다. 아아, 사랑하는 나의 님은 갔습니다."로 시작하는 「님의 침묵」을 썼어요. 「님의 침묵」은 오늘날까지도 많은 사람들이 사랑하는 시로 손꼽히고 있어요.

1944년에 독립을 앞두고 죽는 순간까지 일제와 싸웠던 한용운은 우리 가슴에 민족혼을 불어넣어 주었어요.

"아아, 님은 갔지만 나는 님을 보내지 아니하였습니다."라고 한 한용운처럼 우리 역시 조국의 독립을 위해 생명과 삶을 바친 만해와 그의 시를 영원히 기억할 거예요.

생생하게 전해지는
만해의 자유와 평화 정신

백담사 입구 양쪽 다리 주변에는 수많은 돌탑들이 장관을 이루고

있어요. 쌓고 쌓고 또 쌓고……. 아마도 백담사에 들어서며 마음을

다스리기 위해 돌탑을 쌓은 건 아닐까 생각했어요. 만해 문학박물관

주소 강원도 인제군 북면 만해로 91

전시시간 9:00~17:00

휴관일 매주 월요일. 1월 1일.

　　　 설날·추석 당일

관람료 무료

문의 033-462-2303

은 백담사 부근 동국대학교 만해마을에 있어요.

백담사는 시인과 인연이 깊은 곳이기도 해요. 한용운이 1905년에 속세와 인연을 끊고 출가하여 승려가 된 곳이기 때문이죠. 그는 이곳에서 복잡한 세상의 고민을 잊고 불교의 미래를 위해, 조국의 독립을 위해 자신을 담금질하고, 「님의 침묵」도 썼어요.

만해마을은 2003년에 만해 한용운의 민족사상을 기리고 문학정신을 계승하기 위해 만들어진 곳으로, 만해 문학박물관 외에도 문인의 집, 청소년수련원, 만해평화지종 등의 시설이 있어요.

만해마을은 가족 단위의 여행객들도 많이 찾아 휴식 장소로도 유명해요. 내설악에 둘러싸인 풍경이 환상적이며, 울창한 소나무와 어우러진 자연의 모습에 마음의 평안을 얻을 수 있어요.

만해마을 입구에는 세계에서 유일한 '평화의 시벽'이 있어요. 2005년에 세계평화시인대회에 참가한 30여 개 나라의 시인들이 쓴 300여 편의 시를 동판에 새겨 놓은 것이에요. 세계 여러 나라의 다양한 언어로 적힌 시들을 보면 평화를 바라는 마음은 하나라는 것을 깨닫게 돼요.

"자유는 만물의 생명이요, 평화는 인생의 행복이다. 그러므로 자유가 없는 사람은 죽은 시체와 같고 평화를 잃은 자는 가장 큰 고통을 겪는 사람이다."라고 한 만해의 정신도 느낄 수 있어요

🌱 시인과 마주하는 전시실

커다란 시인의 걸개그림이 걸려 있는 멋스러운 건물 안으로 들어가면 콘크리트 그대로의 벽으로 된 전시실이 있어요. 만해의 일대기와 작품, 만해의 친필 글씨가 장식되어 있지요.

1층에 마련된 전시실에는 만해의 친필 서예와 출간된 책, 만해의 생애, 주제로 본 만해의 삶이 설명과 함께 전시되어 있어요.

전시실 밖에는 두루마기를 입고 손을 내밀고 있는 시인의 모습이

있어, 시인을 직접 만난 것 같은 기분이 들기도 해요. 한쪽 벽면에는 「님의 침묵」이 판화로 만들어져 크게 전시되어 있어요.

🌱 만해와 함께하는 문화마을, 문화축제

문학 박물관 2층으로 올라가는 계단 벽에서 만해를 기리는 많은 작가들의 시를 만날 수 있어요.

만해 문학박물관 맞은편에는 조국 통일과 모든 사람의 평화를 기원하는 만해평화지종이 있어요. 범종 옆에는 절에서 쓰는 물건인 법고와 목어, 운판이 있어요. 만해 문학박물관은 백담사에 오르기 전에 반드시 거쳐야 하는 코스로 꼽히는데, 특이한 것은 관람료를 자율로 내는 것이에요. 실제 관람료는 없지만, 절에서 시주를 하듯 본인이 알아서 내면 돼요.

만해 문학박물관 옆에는 '님의 침묵' 광장이 있는데 이곳에서 다양한 공연이 열려요. 광장은 지역 주민을 비롯하여 많은 사람들이 문화 예술을 즐기는 복합 문화 공간이에요.

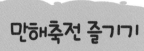

만해축전 즐기기

　만해마을에서는 매년 8월에 '만해축전'의 일환으로 '님의 침묵 전국백일장'이 열려요. 만해의 정신을 기리는 이 백일장 행사는 시와 시조 부문으로 나눠 진행되어요. 평화의 시벽 아래에서 글을 쓰는 건 어떤 기분일까요? 백일장이 끝나고 나서, 만해축전에서 열리는 다른 프로그램에도 참여해 봐요. 가을이 오는 소리를 들으며 만해의 시와 정신을 떠올릴 수 있을 거예요.

잘 다녀왔어요

 한용운은 마지막 여생을 심우장이라는 곳에서 보냈다고 해요. 여기서 '심우'는 '소를 찾는다'라는 뜻으로, 불교에서 인간의 본성을 찾는 것을 의미해요. 한용운은 이곳에서 여러 가지 문제로 고민하는 사람들의 말을 들어주고 알맞은 조언도 했어요. 여러분도 친구들의 고민을 들어주고 격려한 경험이 있나요? 그 경험을 써 보세요.

● 친구의 고민을 들어준 경험

● 친구에게 해준 조언

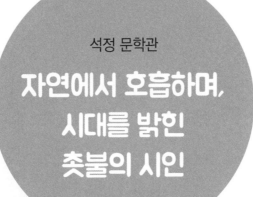

석정 문학관

자연에서 호흡하며,
시대를 밝힌
촛불의 시인

사람에게는 여러 가지 모습이 있어요. 한 가지 모습으로만 살아가는 사람은 어디에도 없지요. '목가 시인'으로 유명한 신석정 시인도 마찬가지예요. 우리에게 자연을 소재로 한 맑은 서정시를 쓴 것으로 유명하지만 일제 강점기에는 저항시를 쓰기도 했고, 해방 이후에는 독재에 반대하는 시를 쓰기도 했어요.

어려운 시절, 예쁜 꽃과 나무로 둘러싸인 집 안에 있다고 해서 시인의 마음이 평화로운 건 아니었어요. 오히려 아름다운 자연의 모습에 빗대어 어려운 현실을 이겨내고자 하는 마음을 담은 시를 써서 우리에게 보여 주었지요.

신석정은 전라북도 부안의 한학자 집안의 둘째 아들로 태어났어요, 시인은 초등학교 시절에 수업료를 내지 못한 학생을 혼내는 일본인 교사에 항의하였을 정도로 불의를 참지 못했다고 해요. 초등학교 졸업이 학력의 전부이지만 한학을 공부하고 문학과 철학 서적을 읽으며 글을 써서 1931년에 「선물」로 등단했어요.

이후 활발하게 시 창작을 하던 그는 일제 말에 창씨개명을 거부하고 "시 정신이 없는 민족, 시 정신이 없는 국가는 흥할 도리가 없다. 시 정신의 바탕이 되는 것이 신념이요 신념은 바로 지조로 통하는 길이다."라며 더 이상 글을 쓰지 않았고, 해방이 되어서야 시집을 발표하며 다시 창작 활동을 했어요.

불의에 저항하고 양심을 지키며 가난하고 소외된 사람들과 함께 호흡하던 신석정은 '시대를 밝힌 촛불'이었어요.

자연에서 꿈 조각,
시 조각을 얻다

전라북도 부안은 '자연이 빚은 보물'이라고 불릴 정도로 빼어난 자연 풍경을 자랑하는 지역이에요.

아름다운 부안의 산과 바다, 숲을 친구 삼아 시를 쓰던 신석정은 40여 년 동안 『촛불』, 『슬픈 목가』 등 다섯 권의 시집을 남겼는데, 서정적인 그의 시는 사람들의 마음에 깊은 울림을 주었어요.

석정 문학관은 자연을 노래한 시인과 잘 어울리는 부안읍 선은길의 자연 속에 자리 잡고 있어요. 석정 문학관이라는 표지석을 지나면 2층의 현대식 건물을 볼 수 있는데 1층에는 전시 공간과 세미나실, 2층에는 북카페와 전망대가 있어요. 문학관 오른쪽 벽면에 양복을 입은 신석정의 사진이 인상적이에요.

🌱 산과 강의 모습에서 배우다

전시실에 들어서면 신석정의 연보와 바로 옆에 있는 시인의 좌우명 '지재고산유수(志在高山流水)'를 볼 수 있어요. 시인의 친필을 본떠 만든 것으로 '뜻이 높은 산과 흐르는 물'을 뜻해요. 산과 강물의 모습에서 배우자는 뜻으로 현실에서 신념을 지키려는 시인의 마음을 담고 있어요.

신석정이 사용한 방과 서재를 그대로 만들어 놓은 '석정의 방'과 '서재'는 책장과 책상 외에 어떤 장식도 없는 소박한 공간이에요. 또 신석정의 시세계에 영향을 준 한국 불교를 이끈 지도자이자 독립 운동가인 스님 박한영, 시조시인이자 국문학자인 이병기 등을 소개하고 있어요.

'석정의 문학 세계'에는 석정이 출간한 시집, 번역 시집과 수필집, 일기, 서예 작품을 비롯해 수첩, 시계 등의 유품이 전시되어 있어요.

또 다른 전시실에서는 일제 강점기, 해방 전후, 군사독재 시기에 신석정이 썼던 저항시를 볼 수 있고, 가족과 지인들의 사진, 편지 등을 볼 수 있어요. 또 시인의 시를 탁본해서 보관할 수도 있어요.

주소 전라북도 부안군 부안읍 선은1길 10
전시시간 9:00~18:00(3~10월), 9:00~17:00(11~2월)
휴관일 매주 월요일(월요일이 공휴일인 경우 다음날 휴관),
1월 1일, 설날·추석 당일
관람료 무료
문의 063-584-0560

🌱 시인의 향기를 느끼다

문학관 바로 옆에는 시인이 결혼하고 처음으로 장만한 옛집이 있어요. 시인은 정원에 직접 벽오동, 산수유, 철쭉 등 온갖 나무들을 심고 이름을 '청구원'이라고 지었어요. '푸른 언덕 위의 정원'이라는 이름대로 정원은 큰 숲을 이루었다고 해요. 부엌과 안방, 윗방, 건넌방으로 구성된 초가집에서 시인은 첫 시집『촛불』을 펴냈어요. 시인은『촛불』이 "청구원 주변의 산과 구릉, 멀리 서해의 간지러운 해풍이 볼을 문지르고 지나갈 때 얻은 꿈 조각들"이라고 말할 정도로 이 집을 사랑했다고 해요.

문학관에는 문학 관련 모임을 할 수 있는 세미나실과 시인의 생애를 영상으로 볼 수 있는 영상물 관람실도 있어 시인의 향기를 간접적으로나마 느낄 수 있어요.

잘 다녀왔어요

 신석정은 "시 정신이 없는 민족, 시 정신이 없는 국가는 흥할 도리가 없다."라고 하며 '시 정신'의 중요성을 말했어요. '시 정신' 대신에 어울리는 말을 넣어 보고 그 까닭을 적어 보세요.

"_____이 없는 민족,

_____이 없는 국가는

흥할 도리가 없다."

● 그렇게 느낀 까닭

알맹이를 빼내고 겉에 남은 물건을 '껍데기'라고 하지요. 사실 껍데기보다는 속에 있는 알맹이가 중요한데 우리는 보이는 모습을 보고 판단하는 일이 많아요.

"껍데기는 가라/사월도 알맹이만 남고/껍데기는 가라./껍데기는 가라/동학년 곰나루의, 그 아우성만 살고/껍데기는 가라…….'

신동엽 시인이 1967년에 발표한 「껍데기는 가라」라는 시예요. 시에서 말하는 껍데기는 5·16 군사정변과 박정희의 독재를 뜻하고 알맹이는 4·19 혁명과 불의에 대항하는 시민 정신을 가리켜요.

신동엽을 모르는 사람들도 「껍데기는 가라」를 알 정도로 이 시는 우리나라 '참여시'의 대표작으로 손꼽히고 있어요.

1930년 충남 부여의 가난한 농가에서 태어난 신동엽은 단국대학교 역사학과에 들어가면서 역사에 깊은 관심을 갖고 분단된 우리나라 현실에 아파했어요. 6·25 전쟁 때 국민방위군으로 징집되어 전쟁을 겪은 시인은 1959년에 조선일보 신춘문예에 「이야기하는 쟁기꾼의 대지」로 당선하면서 등단했어요.

신동엽은 1961년부터 명성여고 국어교사로 근무하면서 「밭」, 「4월은 갈아엎는 달」, 「껍데기는 가라」, 「금강」 같은 참여시를 발표하며 현대시를 대표하는 시인으로 우뚝 섰어요. 하지만 6·25 전쟁 때 감염된 간디스토마가 간암으로 악화되어 1969년에 마흔 살의 나이로 세상을 떠났어요.

신동엽은 동학농민전쟁, 3·1 운동, 4·19 혁명 등 민중의 저항을 순수한 우리말로 노래한 자랑스러운 민족 시인이에요.

시인은 더 이상 슬픔 없는 세상을 꿈꾸며 시를 썼어요.

'시의 깃발'이 나부끼다

"백제, 천오백 년, 별로 오랜 세월 아니다/우리 할아버지가 할아버지를 생각하듯/몇 번 안 가서 백제는/엊그제 그끄제 있다……."

동학농민운동에 대해 들어본 적이 있나요? 조선 시대에 온갖 세금을 만들어 백성들을 괴롭혔던 관리들을 향해 농민들이 힘을 모아 일으킨 운동이에요. 나쁜 관리들을 없애고 백성을 구하려는 농민들의 바람은 안타깝게도 실패로 끝났어요.

바로 이런 동학농민운동을 문학과 역사의 중심으로 이끌어내는 역할을 한 「금강」이라는 시가 신동엽의 대표 시예요. 신동엽은 금강을 볼 수 있는 충남 부여에서 태어났고, 그의 문학관 역시 부여에 있어요. 부여시외버스터미널에서 조금만 걸어가면 만날 수 있는 신동엽 문학관은 부여 여행에서 빠뜨릴 수 없는 여행지예요.

특히 신동엽 문학관은 우리나라의 대표적인 건축가로 노무현 전 대통령의 묘역을 설계한 승효상의 작품이에요. 부여가 자랑하는 건축물이지요.

좋은 세상, 좋은 사람, 좋은 언어를 꿈꾸었던 신동엽의 시 정신을 담고 있는 문학관은 거추장스러운 껍데기 없이 간결하고 필요한 알맹이만 있는 느낌이에요. 종이를 바른 듯한 느낌의 외벽에는 빨강색의 '신동엽 문학관'이라는 글자가 있고, 안으로 들어가면 건물과 어우러진 마당이 곳곳에 있어요.

마당에는 부여 출신의 화가 임옥상이 만든 설치 미술품 '시의 깃발'이 있어요. 시의 구절들이 깃발처럼 바람에 나부끼는 모습을 독창적으로 표현하고 있어 관람객들에게 인기가 많아요.

🌱 그렇다고 서둘고 싶지 않다

전시실에 들어서면 만년필을 힘껏 움켜쥔 시인의 흉상이 반갑게 맞아주어요. 전시실 바로 옆에는 "내 인생을 시로 장식해 봤으면/내 인생을 사랑으로 채워 봤으면/내 인생을 혁명으로 불 질러 봤으면/세월은 흐른다/그렇다고 서둘고 싶지 않다"는 「서둘고 싶지 않다」 시를 만날 수 있지요.

또 「금강」의 초고를 비롯해 시인의 작품들과 시인이 즐겨 읽던 엘리엇의 시집과 톨스토이, 고리키의 소설을 볼 수 있어요.

전시실에서 시인의 여러 시를 만나게 되는데 바닥에 영상으로 흘러가는 시를 보는 것도 색다른 경험이에요.

1982년에 제정된 신동엽 문학상을 수상한 작가들의 사진과 수상 도서로 꾸며진 '수상작가관'이 있는데, 신동엽 문학상은 문인들이 가장 받고 싶어 하고 영광스러워하는 상이라고 해요.

주소 충청남도 부여군 부여읍 신동엽길 12
전시시간 9:00~18:00(4~10월),
　　　　　 9:00~17:00(11~3월)
휴관일 매주 월요일(월요일이 공휴일인 경우
　　　　　다음날 휴관), 1월 1일, 설날·추석 당일
관람료 무료
문의 041-830-6827

🌱 그리움과 사랑을 담은 여백의 공간

　문학관은 1층 출입문으로 들어가면 완만한 경사로를 따라 반대 방향 옥상으로 돌아 내려오게 설계되어 있어요. 옥상에서는 중학교 교과서에 실리기도 한 「산에 언덕에」란 시를 감상하며 정감어린 동네 풍경을 바라볼 수 있어요. 또 문학관을 내려다보면 공간 구석구석 빛과 그림자, 여백을 활용한 문학관의 아름다움을 느낄 수 있어요.

　문학관 옆에는 신동엽이 자라고 신혼 생활을 했던 생가가 자리하고 있는데 1985년에 유족과 문인들에 의해 복원되었어요. 방문 위에 걸려 있는 목판에는 "우리의 만남을/헛되이/흘려버리고 싶지 않다"로 시작하는 아내 인병선 시인의 시 「생가」가 새겨져 있어요. 세상을 일찍 떠난 남편 신동엽을 그리는 마음과 사랑을 담은 시예요. 시인이 지냈던 방을 보고 있으면 금방이라도 시인이 들어설 것만 같아요.

「껍데기는 가라」는 부정과 부패에 대항하는 참여시로 많은 사람들이 시의 내용에 공감하고 있어요.
「껍데기는 가라」로 6행시를 지어 보세요.

잘 다녀왔어요

껍 _____

데 _____

기 _____

는 _____

가 _____

라 _____

이육사 문학관

광야에서
초인을 기다리며
저항과 희망의
시를 쓰다

　보통의 사람은 하나의 이름을 갖고 평생을 살아가지만 두 개, 세 개의 이름을 갖는 사람도 있어요.

　민족 시인으로 알려진 이육사도 이름이 여러 개였어요. 본래 이름은 이원록, 어릴 때의 이름은 원삼, 신문기자를 하고 첫 시 「말」을 발표할 때 이름은 이활이었어요. '이육사'라는 이름은 장진홍의 조선은행 대구지점 폭파 사건에 연루되어 대구형무소에 갇힌 뒤 불렸던 수인 번호 264에서 따온 것이에요. 독립의 사명감을 기억하기 위해 호를 '육사'로 짓고 이육사라는 이름으로 시를 발표하게 된 것이지요.

이육사 대표 시 「광야」는 "다시 천고의 뒤에 백마 타고 오는 초인이 있어 이 광야에서 목 놓아 부르게 하리라."라는 구절로 끝이 나요. 일본에 대항하고 빼앗긴 조국을 되찾는 날이 올 것이라는 희망을 초인이 오는 것으로 표현한 것이지요.

7월이면 자연스럽게 떠오르는 시인의 「청포도」라는 시에도 '청포를 입고 찾아오는 손님'이라는 표현이 있어요. 여기서 말하는 손님도 조국의 독립을 상징적으로 나타낸 거예요.

열일곱 번이나 감옥에 갇히는 상황에서도 시를 쓰고 비밀 임무를 수행하던 시인은 조국의 독립을 보지 못한 채, 1944년 중국 베이징에 있는 지하 감옥에서 숨을 거둬요.

의지가 강한 사람은 어려운 상황에서도 어떻게든 길을 찾으려 한대요. 그 모양은 왠지 날카로울 것 같지요. 올곧은 선비의 정신이 이어져 내려오는 안동, 청포도 익는 소리가 들릴 것만 같은 길을 따라 걷다보면 이육사 문학관을 만날 수 있어요. 날카로운 의지의 모양을 한 문학관 속으로 걸어 들어가 봐요.

3. 슬프고 힘들어도 쓰러지지 않고 앞으로 나가요

생생하게 기록된
올곧은 정신

이육사는 퇴계 이황의 14대 후손으로 안동에서 나고 자랐어요. 안동은 조선 시대 유교 문화의 중심지이자 독립 운동의 역사를 대표하는 선비의 고장이지요. 이육사도 일제 강점기에 창씨개명을 거부하고 독립을 간절히 원하는 집안 분위기로 자연스럽게 독립 운동을 하게 되었어요.

이육사 문학관은 그의 고향인 안동시 백운로에 있어요. 병풍을 두른 듯 사방이 산으로 둘러싸인 아름다운 마을이지요.

딱히 담이라고 할 것도 없이 활짝 열려 있는 문학관으로 들어가면 이육사 시인의 대표적인 시 「절정」의 시비와 나무 아래에 앉아 시상을 떠올리는 시인의 모습을 볼 수 있어요.

1층과 2층의 한쪽 면이 모두 유리로 이루어진 독특한 디자인의 문학관은 입구가 2층에 있어서 2층부터 관람한 뒤 1층으로 가면 돼요.

주소 경상북도 안동시 도산면 백운로 525
전시시간 9:00~17:00
휴관일 매주 월요일, 명절 연휴
(1월 1일, 설날, 추석)
관람료 어린이(7~12세) 1,000원,
성인 2,000원, 청소년(13~18세),
군인 1,500원, 무료(65세 이상,
7세 이하, 장애인, 국가유공자)
문의 054-852-7337

🌱 독립 운동에 헌신한 시인

1층 전시실에 들어서면 이육사의 문학 세계와 그의 대표 시 「청포도」, 「절정」, 「광야」 등이 간단한 해설과 함께 걸려 있고 시인의 사진, 시집 등이 진열되어 있어요. 또 같은 시대를 살았던 시인 이상화, 윤동주 등의 발자취와 시인이 직접 쓴 유작 원고(바다의 마음)도 볼 수 있지요. 이육사는 1927년부터 1944년에 생을 마감할 때까지 총 17번이나 수감되었어요. 그가 얼마나 독립 운동에 헌신하였는지 알 수 있지요.

🌱 이육사, 264를 기억해

2층에 올라서면, 낙동강이 굽이쳐 흐르는 마을을 한눈에 볼 수 있어요. 출입구에 시인의 흉상이 있는데, 1층 전시실에서 이미 그의 작품과 독립 운동 발자취를 만나서인지 더 가깝게 느껴졌어요. 이곳에서는 어린 시절의 이육사와 그의 가계도, 형제들의 이야기를 알 수 있고, 시인이 독립 운동을 하게 된 배경이나 유학 생활, 대구에서의 활동, 베이징 감옥에서 맞은 죽음 등의 기록을 조금 더 자세히 알 수 있어요. 서대문형무소를 재현한 감옥과 걸려 있는 피 묻은 한복을 보니 마음 한편이 찡해져요.

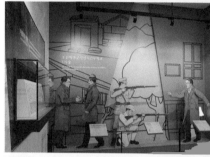

이곳에는 그의 시를 비롯하여 소설, 수필 등이 실린 잡지와 그가 주고받은 편지 등도 전시되어 있어요. 특히 그가 조선군사혁명학교에서 수업하던 모습과 죽음을

맞이했던 장소였던 베이징 감옥에서 꼿꼿이 앉아 시를 쓰는 모습의 모형은 보는 것만으로도 가슴이 아파와요.

　이 밖에도 이육사의 생애를 다룬 영상물을 감상할 수 있는 영상실과 시인과 관련된 기념품을 구입하고 책을 읽을 수 있는 문학카페 노랑나븨가 있어요.

🌱 육우당(이육사 생가)

　육우당은 육사의 맏형인 이원기가 육사, 원일 등 여섯 형제들의 우애를 기리기 위해 지은 집의 이름이에요. 육우당은 실제 이육사 생가가 아니라 이육사 생가를 복원한 곳이에요. 사랑채와 안채가 ㄷ자형으로 배치되어 있는데 사랑채와 안채 모두 소박한 모습이에요.

　육우당 정원에는 이육사의 시 「청포도」를 감상하며 화강암으로 만들어진 탐스러운 포도알을 볼 수 있는 휴식 공간도 있어요.

잘 다녀왔어요

 이육사처럼 호를 갖고 싶다면 어떤 이름으로 할지, 또 그렇게 정한 까닭은 무엇인지 써 보세요.

● 나의 호

_____

● 그렇게 정한 까닭

_____

_____

_____

_____

04
자연과 우리의
마음이 만나는
곳에서
노래해요

미당 시 문학관

가장 한국적인 시의 세계를 보여 주다

여러분은 어떤 시를 가장 좋아하나요? 시를 읽다가 가슴이 뭉클해지는 감동을 받은 적은 있나요? 그런 시를 만날 때면 시를 쓴 시인은 천재 같다는 생각도 들고 마음도 아름다울 거라는 생각을 하게 되지요.

20세기를 대표하는 서정시인 서정주는 우리나라 문학을 이야기할 때 빼놓을 수 없는 시인이에요. 하지만 동시에 일제강점기 때 대표적인 친일문학가로 시와는 전혀 다른 삶을 산 인물이기도 하지요.

1915년에 가난한 소작농의 아들로 태어난 서정주는 1936년 동아일보 신춘문예에 「벽」이라는 시로 등단하고, 1941년에 첫 시집 『화사집』을 출간하며 '한국 시단의 천재'로 불렸어요.

하지만 1942년에 일본 이름으로 창씨개명한 뒤 적극적으로 친일 작품을 쓰며 친일활동을 했어요. 또 해방 후에는 정권에 부역하는 작품을 발표하는 기회주의자의 모습을 보였지요.

「국화 옆에서」, 「귀촉도」, 「견우의 노래」 등 서정주는 토속적인 우리말을 아름답게 사용하며 가장 한국적인 시의 세계를 보여 주었는데, 그의 시는 많은 사람들에게 사랑을 받고 있어요.

그가 스물세 살에 발표한 자화상이란 시에 "스물세 해 동안 나를 키운 건 팔 할이 바람이다./세상은 가도 가도 부끄럽기만 하드라/어떤 이는 내 눈에서 죄인을 읽고 가고/어떤 이는 내 입에서 천치를 읽고 가나/나는 아무것도 뉘우치진 않을란다."라는 구절이 있어요.

서정주는 "나는 아무것도 뉘우치진 않을란다."라는 시구처럼 자신의 친일 활동에 대해 어떤 반성도 하지 않은 채 2000년에 세상을 떠났어요.

나를 키운 것은
팔 할이 바람이다

서정주는 전라북도 고창군 부안면 서당물길 진마마을에서 태어났
어요. 앞으로는 서해바다와 변산반도가 펼쳐지고 뒤로는 소요산을
병풍처럼 두르고 있는 마을이지요.

미당 시 문학관은 서정주 생가에서 백여 미터 떨어진 곳에 있는데 폐교를 리모델링한 공간으로 건물 중간에 18.35미터의 전망대가 있어요. 건축가 김원은 이곳을 설계할 때 "스물세 해 동안 나를 키운 건 팔 할이 바람"이라는 서정주의 시 「자화상」을 떠올리고 높이 올라가는 전망대를 만들자고 생각했대요. 바다가 보이고 바람이 느껴지는, 그래서 「자화상」이 절로 떠오르는 공간을 창조하게 된 거예요.

담쟁이 넝쿨이 어우러진 열린 문을 지나 안으로 들어가면 '미당 시 문학관'이라는 표지석과 "내 마음 속 우리 님의 고운 눈썹을/즈믄 밤의 꿈으로 맑게 씻어서……."라는 「동천」 시비가 있어요. 또 키를 훌쩍 넘길 만큼 큰 '바람의 자전거'도 관람객의 눈을 끌어요.

🌱 꽃과 시가 만나는 공간

문학관에 들어서면 미당의 흉상을 지나 미당의 시로 만든 시화 작품이 곳곳에 전시되어 있고 전시실에서는 서정주의 연보와 사진을 볼 수 있어요.

또 서정주의 시집과 시인이 친필로 쓴 액자도 전시되어 있고 간략하게 서정주의 문학 세계와 예술성도 소개하고 있어요.

🌱 아름다운 시를 보다

아름다운 우리말을 엮어 시를 쓴 서정주의 작품을 현대적인 감각으로 재현한 전시실이에요. 시의 터널에 들어가면 시가 있는 곳에 불이 비춰져서 자연스럽게 서정주의 여러 시들을 감상할 수 있어요.

🌱 바람과 꽃과 마음의 풍경

건물 중앙에 있는 나선형 계단을 올라가다 보면 창을 통해 밖의 풍경을 볼 수 있어요.

올라가는 길에 시인의 서재도 재현되어 있는데 앉은뱅이책상, 김기창 화백이 그린 미당의 초상화와 가야금, 친필이 들어 있는 도자기 등이 눈길을 끌어요. 특히 세계 125개국을 돌아다닐 때 사용하던 지팡이도 있는데, 오랜 시간 동안 시인과 같이 한 물건이어서 더욱 뜻깊게 느껴져요.

이 밖에도 지인과 주고받은 편지, 타자기, 베레모, 나비넥타이 등 유품을 통해 시인을 더 가깝게 느낄 수 있어요.

주소 전라북도 고창군 부안면 질마재로 2-8

전시시간 9:00~18:00(3~10월), 9:00~17:00(11~2월)

휴관일 매주 월요일, 1월 1일

관람료 무료

문의 063-560-8058

이곳에서는 서정주의 시집과 함께 친일 활동과 군부정권 부역을 알 수 있는 작품도 볼 수 있어요. 일제 시대 학도병 지원을 독려하거나 전두환 대통령을 찬양하는 시 등이 전시되어 있지요.

이곳 문학관의 큰 특징은 바로 전망대예요. 전망대에 올라서면 마을 전체를 볼 수 있어요. 탁 트인 곳에 올라서서 소요산, 변산반도, 진마마을의 풍경을 보는 즐거움이 무척 크죠.

국화 옆에서

문학관에서 5분 정도 걸어가면 안채와 별채, 우물이 있는 시인의 생가가 있어요. 생가 입구에는 시 「마당」이 지키고 있고 벽면에는 "한 송이의 국화꽃을 피우기 위해/봄부터 소쩍새는/그렇게 울었나 보다……."라는 서정주의 대표시 「국화 옆에서」가 쓰여 있어요. 이곳에서 시 한 편을 천천히 읽어 보는 것도 좋아요.

서정주 시인의 「국화 옆에서」를 찾아 읽어 보고, 꽃을 주제로
동시를 지어 보세요.

잘 다녀왔어요

● 제목 〰〰〰〰〰〰〰〰〰〰〰〰〰〰〰〰〰〰〰〰〰

오장환 문학관

문단에
새로운 왕이
나타났다

오장환 문학관
Oh Janghwan Memorial Hall

오장환은 휘문고등학교에 입학하여 정지용 시인에게서 시를 배우며 문학적 재능을 꽃피웠어요. 정지용 시인도 오장환을 특별히 아꼈다고 해요.

고등학교 교지에 「아침」, 「화염」과 같은 시를 발표한 오장환은 열여섯 살이 되었을 때 『조선 문학』에 「목욕간」을 발표하면서 시인으로 활동했어요.

이육사, 김광균과 '자오선' 동인으로 활동하던 오장환은 1937년에 첫 번째 시집 『성벽』을, 1939년에 두 번째 시집 『헌사』를 냈는데 문인들은 "문단에 새로운 왕이 나타났다."라며 천재 시인의 탄생을 반겼어요.

오장환은 열일곱 살의 어린 나이에 식민지 시대에 일본의 침략 전쟁을 반대하는 장시 「전쟁」을 썼으며, 일제 강점기에는 단 한 편의 친일시를 쓰지 않는 용기를 보이기도 했어요.

신장병으로 병상에서 해방을 맞은 오장환은 해방의 감격과 새로운 국가 건설에 대한 꿈을 그린 시집 『병든 서울』을 발간하는데 이 시집은 해방기념조선문학상 최종 후보작에 오르는 등 문학적으로 높은 평가를 받았어요.

오장환은 한국전쟁이 일어나는 바람에 치료를 제대로 받지 못해 서른네 살의 젊은 나이에 세상을 떠나요.

어머니와 고향을 그리워하며 조국의 현실을 아파하고 희망의 미래를 꿈꾸던 천재 시인 오장환, 그의 맑고 강렬한 시는 70여 년이 다 되어 가는 지금까지 생생하게 남아 있어요.

나의 노래가 끝나는 날은
내 무덤에 아름다운 꽃이 피리라

　오장환 문학관은 충북 보은군 회인면 오장환 생가 옆에 있어요.
회인 마을에 들어서면 오래된 감나무와 얇은 판석을 차곡차곡 얹거
나 둥글둥글한 자갈돌로 쌓은 돌담이 정겨워 보여요.

도로에서 문학관이 있는 안쪽으로 들어가다 보면 「해바라기」를 비롯해 「종이비행기」 등 오장환의 동시와 예쁜 그림들이 어우러진 벽화를 볼 수 있어요.

옆으로 길쭉한 모양의 꾸밈없고 단순한 오장환 문학관은 뒤로는 산이 앞으로는 푸른 잔디가 펼쳐져 있는데, 8~9월에는 해바라기 꽃밭도 만날 수 있어요.

문학관 입구에는 "나의 노래가 끝나는 날은/내 무덤에 아름다운 꽃이 피리라."로 끝나는 시 「나의 노래」가 적힌 시비가, 전시실 앞에는 동판으로 새겨져 있는 시인의 초상이 방문하는 사람들을 반갑게 맞아줘요.

🌱 시인과 만나는 길

전시실은 '나의 길/해설이 있는 시집', '오장환 시집', '오장환 문학의 재발견', '시인 오장환'으로 구성되어 있어요. 먼저 '나의 길/해설이 있는 시집'에서는 휘문고등학교 시절 스승 정지용 시인과의 만남을 볼 수 있어요. 정지용 시인은 누가 휘문고등학교를 졸업했다고 하면 "장환이 선배냐? 후배냐?"라고 물을 정도로 오장환을 각별하게 아꼈다고 해요.

신장병으로 입원한 남포 병원에서 어머니와 고향을 그리워하는 시인의 인간적인 모습을 엿볼 수 있는 단막극 형식의 영상을 볼 수 있고 「성벽」, 「헌사」 등 시인을 대표하는 시 12편을 해설과 함께 감상할 수도 있어요.

🌱 오장환 문학의 재발견

'오장환 시집' 코너에서는 『성벽』, 『헌사』, 『병든 서울』 등 오장환 시인의 시집을 볼 수 있어요. 오장환은 『성벽』, 『헌사』 등으로 천재 시인이라는 찬사를 받았고, 『병든 서울』로 해방된 우리나라의 모습을 가장 정확하게 표현했다는 평가를 받았지요.

'오장환 문학의 재발견' 코너로 옮겨가면, 휘문고등학교 교지에 실린 초기 시, 방정환이 만든 『어린이』에 발표한 동시, 산문 및 평론 등을 볼 수 있어요. 또 1988년에 월북 작가에 대한 해금 조치 이후 진행된 오장환 관련 연구 논문과 자료 등도 전시되어 있어, 오장환의 문학 세계를 폭넓고 깊이 있게 이해하는 데 도움을 받을 수 있어요.

오장환 문학의 재발견

Rediscovery of Oh Janghwan's Poetry

1988년 납·월북 문인들에 대한 해금조치로 오랫동안 철저히 금기시 되었던 오장환의 문학세계에 대한 연구가 새롭게 이루어지고 있다.

오장환이 발간한 여섯 권의 시집에 실리지 않았던 초기의 시, 동시, 장시, 산문 및 평론 등을 비롯하여 해금조치 이후 꾸준히 진행되어 왔던 연구논문 및 자료들은 오장환의 문학세계에 대한 폭넓고 깊이 있는 이해를 가능하게 하고 있다.

주소 충청북도 보은군 회인면 회인로5길 12

전시시간 9:00~17:00

휴관일 매주 월요일, 1월 1일, 설날·추석 연휴 포함

관람료 무료

문의 043-540-3731

🌱 시인 오장환

일제 강점기와 8·15 광복 등의 시대적 상황을 거치며 작품 활동을 한 시인의 시 세계를 알 수 있고, 시인에게 시를 가르쳐준 정지용 시인을 비롯해 1930년대 활발하게 활동했던 박두진, 이육사, 서정주 시인 등 문인 친구들을 만날 수 있어요.

그 옆으로 시인의 삶과 문학을 담은 다큐멘터리를 상영하는 영상실과 시 강좌, 세미나, 문학동아리 활동 등이 열리는 '문학사랑방'이 있어 다양한 체험도 가능해요. 한편, 시인의 사망 소식을 들은 화가 이중섭은 그의 죽음을 슬퍼하며 '추모'라는 그림을 그렸다고 해요.

복도 벽에는 오장환 문학제에 참가한 어린이들의 시 그림을 전시하고 있어요.

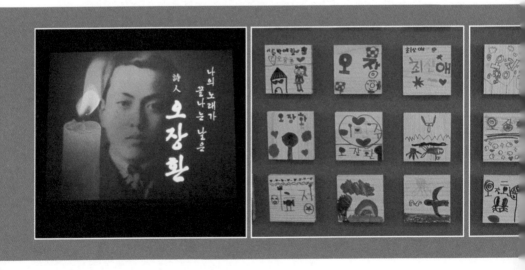

🌱 다시 즐기는 축제

문학관 바로 옆에는 시인의 생가 터에 초가 이엉을 얹어 복원한 초가집이 있어요. 차곡차곡 쌓인 돌담이 생가를 둘러싸고 있는데 활짝 열린 사립문이 정겨워요.

매년 10월이면 문학관과 생가를 중심으로 하여 시인 오장환의 작품 세계를 알아보고 시의 아름다움을 함께 나누는 오장환 문학제가 열려요.

오장환 문학제는 전국의 문학인과 지역 주민, 학생들이 참가하는 백일장, 시낭송 대회, 문학 강연 등 다양한 행사로 꾸며지죠. 시인은 가고 없지만, 문학관 복도 벽을 가득 채운 어린이들의 시와 그림을 통해 시인을 함께 기리는 축제예요.

나의 노래

오장환

나의 노래가 끝나는 날은
내 가슴에 아름다운 꽃이 피리라.

새로운 묘에는
예 흙이 향그러

단 한번
나는 울지도 않았다.

새야 새 중에도 종다리야
화살같이 날러가거라

나의 슬픔은
오직 님을 향하야

나의 과녁은
오직 님을 향하야

단 한번
기꺼운 적도 없었더란다.

슬피 바래는 마음만이
그를 좇아
내 노래는 벗과 함께 느끼었노라.

나의 노래가 끝나는 날은
내 무덤에 아름다운 꽃이 피리라.

잘 다녀왔어요

 오장환은 "문단의 왕이 나타났다."라고 할 정도로 시인으로서
의 재능을 인정받았어요. 나는 어떤 재능이 있나요? '이것만
은 내가 왕'이라고 생각하는 것이 있다면 알려 주세요.

이것만은 내가 왕

월하 문학관

현대 시조의 역사를
써 내려가다

화천의 아름다운 산과 계곡을 보고 있으면, 옛날 사람들은 이렇게 아름다운 자연을 바라보며 어떻게 표현했을까 궁금해져요. 클래식 음악이 듣기 좋은 이유는 오랜 시간을 지나오면서 그것을 연주한 기록들이 쌓였기 때문이라고 해요. 그렇다면 우리가 가진 것 중에 클래식 음악처럼 고전이라고 할 수 있는 것에는 무엇이 있을까요?

시조는 우리나라 고유의 시로, 정해진 형식에 맞춰서 써야 해요. 초장, 중장, 종장이 있고, 각 장이 두 개의 구절로 되어 있어서 '3장 6구'라고 하지요. 요즘에는 잘 보기 힘들지만 옛날 사람들은 시조를 즐겨 썼어요.

우리나라 현대 시조의 역사라고 할 수 있는 이태극은 사람들이 쉽게 다가갈 수 있는 시조를 썼어요.

"진달래 망울 부퍼 발돋움 서성이고/쌓이던 눈은 슬어 토끼도 잠든 산(山)속/삼월(三月)은 어머님 품으로/다사로움 더 겨워—."는 「삼월은」이라는 시조의 1연이에요. 봄을 맞은 기쁨을 생생하게 표현하고 있는데, 시조를 모르는 사람도 이해하기 쉽지요.

시인은 특별한 소재가 아니라 주변에서 쉽게 볼 수 있는 소재로 시조를 썼고, 특히 달과 물을 뜻하는 '월하(月河)'라는 호처럼 자연을 소재로 한 시를 많이 썼어요. 시조를 쓰면서도 시조의 학문적 이론을 바로 세우는 일에도 노력을 기울였고, 시조 전문지 『시조문학』을 창간해 거의 40여 년간 발간하며 300명이 넘는 시조시인을 배출했어요. 자신의 재산과 월급까지 쏟아 부으며 잡지를 만들었는데 그의 남다른 시조 사랑을 알 수 있어요.

1955년 한국일보에 「산딸기」를 발표하면서 본격적으로 작품 활동을 한 이태극은 국어국문학회 대표이사, 한국시조작가협회 회장 등을 역임하며 시조 문학의 발전에 평생을 바쳤어요.

우리의 문화와 사상을 잘 보여 주는 시조가 오늘날까지 이어지고 있는 것은 이태극의 열정과 노력 덕분이지요.

녹색의 푸르름 속에 빛나는
달과 물

　시인은 강원도 화천에서 태어났어요. 빛날 화(華), 내 천(川)이라
는 이름처럼 화천은 물이 빛나는 고장이에요. 북한강의 15곳 지류가
이곳에 흘러 옛날부터 사람들이 터전을 잡고 살았어요.

　화천 군청에서 자동차로 20여 분 걸리는 월하 문학관으로 가는 길
은 드라이브 코스로도 유명해요.

탁 트인 자연을 바라보며 구불구불한 시골길을 오르락내리락하다 보면 월하 문학관을 만날 수 있어요. 하늘과 산으로 둘러싸인 농촌의 한갓진 곳에 펜촉 모양의 지붕을 가진 월하 문학관이 있어요.

다른 지방의 문학관을 참고하여 4년에 걸쳐 조성된 월하 문학관의 외부 모습은 독특하고 감각적이에요. 특히 넓은 잔디밭이 인상적이에요.

🌱 자연의 아름다움을 시로 읊다

문학관 1층 전시실에는 월하 문학제, 월하 시조 백일장 등 문학관에서 개최하는 여러 행사와 강좌가 열리는 다목적실과 다양한 문학 잡지와 시집을 열람할 수 있는 쉼터가 있어요.

주소 강원도 화천군 화천읍 호음로 1014-16
전시시간 9:00~18:00
휴관일 매주 월요일, 1월 1일, 설날·추석 당일
관람료 무료
문의 070-8885-3434

Woelha
Lee Tea Geuk
Museum

또 문인들이 작품을 창작할 수 있도록 집필실과 20여 명이 숙박할 수 있는 공간도 마련되어 있어요. 이렇게 아름다운 자연을 보며 창작하면 정말 좋은 작품들이 많이 탄생할 것 같아요.

🌱 시조를 만나는 공간

2층 전시실은 월하 이태극의 삶과 문학 세계를 한자리에서 살펴볼 수 있는 공간이에요. 「삼월은」이라는 시조가 반갑게 맞이하는 전시실은 '배움의 시간들', '교단생활', '현대시조의 특성' 등으로 시인의 발자취를 알아볼 수 있게 이루어져 있어요.

틈틈이 시조를 적은 육필 원고, 지인들과 주고받은 편지와 최초의 시조 전문지 『시조문학』을 보면 시인의 시조 사랑을 느낄 수 있어요.

또 시인이 생전에 서재에서 작품을 쓰는 모습을 밀랍 인형으로 재현해 전시하고 있는데, 앉은뱅이책상과 책장, 서랍장만 있는 방을 보면 시인의 검소하고 소탈한 모습을 엿볼 수 있어요.

지금은 수몰된 시인의 생가를 모형으로도 만날 수 있어요. 열린 사립문과 마당에 널린 고추를 보노라면 자연을 소재로 따뜻한 시조를 쓴 시인의 정서를 이해하게 되지요.

창을 열면 「서해상의 낙조」, 「삼월은」, 「갈매기」 등의 시조를 만나는 '시조의 방'에서는 시조의 운율을 생각하며 천천히 감상하면 좋아요.

고등학교 국어 교과서에 실리기도 한 「산딸기」가 적힌 시비는 현재 화천댐 인근에 있어요.

이태극은 자연을 소재로 한 시조를 많이 썼어요. 자연을 생각할 때 어떤 것들이 떠오르나요? 떠오르는 이미지를 그림으로 그려 보세요.

● 자연을 생각할 때 떠오르는 것들

● 떠오르는 이미지를 그려 보세요.

정지용 문학관

꿈엔들 잊을 수 없는
고향을 노래한
천재 시인

넓은 벌 동쪽 끝으로

옛 이야기 지줄대는 실개천이 휘돌아 나가고,

얼룩백이 황소가

해설피 금빛 게으른 울음을 우는 곳.

이곳은 어떤 곳일까요? 아마 모두가 행복하고 평화롭게 사는 곳이겠지요. 고향을 그리워하는 마음을 그린 정지용의 「향수」는 교과서에도 실리고 가곡으로도 알려져 있어 우리에게 친근해요.

정지용은 천재 시인이자 한국 현대시의 선구자로 평가받고 있어요. 옛말이나 방언 등을 폭넓게 사용하며 뛰어난 감각으로 시를 지었고, 박두진, 박목월, 조지훈 등을 등단시켰어요.

8·15 해방이 된 후 누구보다 진정한 해방과 통일을 바라던 시인은 6·25 전쟁이 일어난 뒤 얼마 지나지 않아 행방불명되었어요. 안타깝게도 시인의 마지막이 어떠했는지는 알 수 없어요.

한일합방, 8·15 해방, 6·25 전쟁 등을 겪은 시인의 삶은 열강의 틈바구니에서 고난을 겪은 우리 민족의 모습이라고 할 수 있어요. 어느 때보다 고향을 그리워하던 시절이었지요.

고향은 마음의 뿌리라고도 하지요. 「향수」를 읽으면 각자의 마음에서 그 뿌리의 향기를 맡을 수 있을 거예요. 정지용 시인이 그리던 마음의 뿌리는 충청남도 옥천에 있어요. 시인의 숨결이 아직 남아 있는 그곳을 천천히 둘러보면, 시의 마지막 부분이 저절로 떠올라요.

"그곳이 차마 꿈엔들 잊힐리야."

곳곳에서 만나는
소박하고 평화로운 고향의 정서

평범한 곳이어도 절대 잊을 수 없는 곳이 바로 고향이에요. 정지용 시인의 고향인 옥천은 예로부터 물 좋고 기름진 땅으로 묘목이 번창한 곳이에요.

옥천 상계리에 있는 정지용 문학관은 정지용의 생가 옆에 있어요. 마을 곳곳에서 담벼락에 그려진 시인의 시들을 만날 수 있는데, 매년 5월 시인을 추모하는 축제인 지용제가 열려요.

문학관 앞에는 두루마기를 입은 시인의 동상이 서 있는데, 시인은 "양복은 기계나 공장에서 나오지만 우리 옷은 어머니와 누이와 아내의 손끝이 고비고비 돌아나간 청결하고 운치 있는 옷이다."라고 수필에서 우리 옷의 아름다움을 표현했어요.

🌱 테마별 영상을 통해 만나는 시인의 문학

문학 전시실에서는 테마별로 정지용의 문학을 만날 수 있어요. 먼저 시인이 살았던 시대적 상황과 시인의 삶을 스크린북의 영상을 통해 만나는 '지용연보'가 있어요.

정지용의 삶과 문학을 향수, 바다와 거리, 나무와 산, 산문과 동시 등 4구역으로 나누어 보여 주는 '지용의 삶과 문학', 1910년대부터 1950년대까지 한국 현대시의 흐름과 정지용의 시문학에 관하여 알아 볼 수 있는 '지용문학지도', 정지용 시인의 시집과 산문집, 육필원고 및 초간본의 내용을 감상할 수 있는 '시ㆍ산문집 초간본 전시'가 있어요. 테마를 따라가다 보면 정지용의 삶과 문학 세계를 조금은 이해할 수 있지요.

🌱 다양한 체험으로 이해하는 시인의 삶과 문학

정지용 문학관에서는 여러 체험 활동을 할 수 있어요. 음악과 함께 자막으로 흐르는 정지용 시인의 시를 직접 낭송하거나 다양한 멀티미디어 기법을 활용한 문학 체험 활동들을 할 수 있어요.

양 손바닥을 내밀면 손이 스크린이 되고, 손 위에 흐르는 시어를 읽어 보며 느끼는 '손으로 느끼는 시', 음악과 영상을 배경으로 시 낭송을 들으며 시를 감상하는 '영상시화', 이해하기 힘든 시어를 검색해 그 의미와 시적 표현을 이해할 수 있는 '시어검색' 등이 있지요. 시인의 시를 눈과 귀, 몸과 마음으로 느끼는 특별한 공간이에요.

문학관 바로 옆에는 복원된 시인의 생가가 있어요. 흙담으로 둘러싸인 초가집의 사립문을 열고 들어서면 커다란 감나무를 볼 수 있는데 가을이면 감이 주렁주렁 열린 풍경을 감상할 수 있을 거예요.

주소 충청북도 옥천군 옥천읍 향수길 56
전시시간 9:00~18:00
휴관일 매주 월요일, 1월 1일, 설날, 추석날
관람료 무료
문의 043-730-3408

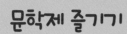

문학제 즐기기

　지용제는 말 그대로 축제 한마당이에요. 옥천에서 태어난 정지용과 그의 시를 기리는 의미도 있지만, 그 외에도 행사일정표를 가득 채운 행사와 체험활동들이 있어 더욱 즐거운 시간을 보낼 수 있어요.

　무대가 설치된 곳에서는 다양한 공연도 구경할 수 있고 밤에는 불꽃놀이도 구경할 수 있어요. 단순히 구경하는 것뿐만 아니라, 직접 참여하거나 체험할 수 있는 활동이 많기 때문에 지루할 틈이 없을 거예요. 마지막 날에는 백일장이 열린다고 해요. 기회가 된다면 꼭 참가해 보세요.

정지용의 「향수」를 보면 고향이 저절로 그려져요. 나의
고향은 어디인지, 고향을 떠올릴 때 어떤 것들이 생각나
는지 마인드맵을 그려 보세요.

잘 다녀왔어요

● 나의 고향 ～～～～～～～～～～～～～～～～～～～～～

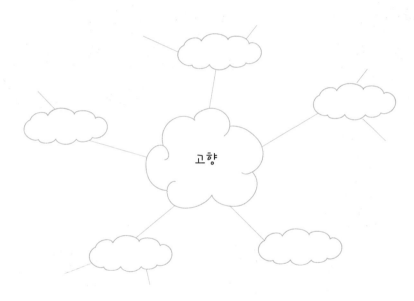

고향

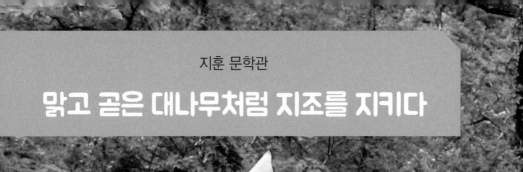

지훈 문학관

맑고 곧은 대나무처럼 지조를 지키다

芝薰詩碑

춤하면 어떤 모습이 떠오르나요? 손을 흔들고 발이 안 보일 정도로 격렬하게 몸을 흔드는 가수들의 춤을 떠올리는 친구들이 많겠죠.

하지만 아주 느릿느릿하게 추는 춤도 있어요. 우리나라의 민속춤인 승무도 그 중 하나이지요. 여승이 쓴 고깔을 나비 같다고 하며 승무를 추는 모습을 그림처럼 생생하게 표현한 「승무」는 조지훈을 대표하는 시예요.

현대시를 대표하는 시인이자 국문학자인 조지훈은 열아홉 살에 『문장』이라는 문예지에서 정지용 시인의 추천을 받고 문단에 데뷔했어요.

우리 민족의 고유한 전통 문화와 자연을 노래한 조지훈은 『우리말 사전』 편찬위원으로 참여하다가 일본 경찰에 검거되기도 해요. 또한 일제 시기에는 친일문학 단체에 참가하라는 협박을 받자 스스로 시 쓰기를 그만둬요. 옳지 않으면 자신이 좋아하는 '시'를 포기할 정도로 신념을 지킨 거예요.

그 누구보다 아름답게 자연을 바라보고 시대를 노래했던 조지훈, 그의 삶과 시는 곧고 푸른 대나무와 닮아 있어요.

자연 속에서 전해오는
지식인의 큰 울림

　조지훈 문학관은 경상북도 영양의 주실마을에 있어요. 작은 밭과 한옥들이 어우러진 주실마을은 한양 조씨의 집성촌으로, 조지훈이 태어나 어린 시절을 보낸 곳이지요.

　이곳은 마을 전체가 문화재라고 할 수 있을 정도로 멋스럽고 아름다운 숲이 우거져 있어요. 마을 한편에 목조기와집이 있는데 바로 이곳이 지훈 문학관이에요. 선비들이 모여서 학문을 닦던 서원처럼 보이는 지훈 문학관의 문을 들어서면 소박한 한옥을 볼 수 있어요. 문학관은 ㅁ자 형태로 중앙에 넓은 마당이 있고, 안으로 들어가면 전시실이 하나의 동선으로 쭉 이어져 있어요.

　조지훈의 삶과 작품을 만난 뒤 마당으로 나와 하늘을 보면 자연과 시가 어우러진 느낌을 받을 수 있지요.

주소 경상북도 영양군 일월면 주실길 55
전시시간 9:00~18:00(3~10월) / 9:00~17:00(11~1월)
휴관일 매주 월요일, 1월 1일, 설날·추석 당일
관람료 무료　　　　　　　　　　**문의** 054-682-7763

🌱 춤과 시가 울려 퍼지는 공간

전시실 1관에 들어서면 조지훈의 흉상이 보이고 스크린에서는 전통 춤인 승무와 시가 울려 퍼져요. 조지훈의 생애와 소년회 활동 시절에 형 세림과 함께 쓴 『세림 시집』이 전시되어 있고, 시인의 일화를 만화로도 볼 수 있지요. 또 청년 시절 조지훈이 펴낸 책과 청록파에 대한 내용들도 전시되어 있어요.

2관은 조지훈의 문학과 사상을 보여 주는 곳으로 부정 선거에 맞서는 제자들을 격려한 「늬들 마음을 우리가 안다」는 시와 자유당 독재를 비판한 수필집 『지조론』 등이 소개되어 있어요.

🌱 시인의 목소리와 그리움을 만나다

3관에서는 붓과 벼루, 책상, 시계, 도장 등의 유품과 조지훈의 생전 모습을 백여 장의 사진으로 만날 수 있어요. 또 헤드폰으로 자신의 시를 낭독한 시인의 목소리를 들을 수 있는 '청각 코너'도 있어요.

4관에서는 주실마을을 소개하고 있어요. 주실마을은 일찍 개화했음에도 일제시대 때 창씨개명을 하지 않았던 마을이라고 해요. 조지

훈은 고향인 이곳을 사랑하고 큰 자부심을 가졌어요. 문학관을 방문한 사람들이 조지훈을 그리며 쓴 글도 볼 수 있어요.

🌱 올곧은 시인의 울림

주실마을 중심에 자리 잡은 호은종택은 조지훈의 생가로, 조선 인조 때 한양 조씨 호은공이 터를 잡은 집이에요. 호은종택에는 '삼불차'라는 가훈이 있는데 세 가지를 빌리지 않는다는 뜻이에요. 재물을 빌리지 않고, 사람을 빌리지 않고, 문장을 빌리지 않는다는 깊은 뜻이 담긴 거지요. 굽히지 않고 살겠다는 강한 의지가 담긴 가훈으로, 조지훈이 가훈을 지키며 살았다는 것을 알 수 있어요.

전시관을 나와서 소나무 숲인 주실숲을 오르는 길에 지훈시공원이 있어요. 초록의 숲에서 조지훈의 시가 새겨진 비석들을 감상할 수 있고 눈앞에서 승무를 추는 듯한 동상도 볼 수 있어요. 아름다운 숲길을 천천히 걸어 공원 위에 오르면 두루마기를 입고 안경을 쓴 시인을 만날 수 있지요. 올곧은 선비 정신으로 평생을 살다간 시인의 삶은 오늘날에도 큰 울림을 줘요.

문학제 즐기기

　주실마을은 조지훈이 태어나고 어린 시절을 보냈던 마을이에요. 매년 5월 주실마을에 가면 지훈 예술제를 즐길 수 있어요. 백일장 및 사생대회도 열리고, 공연 행사와 문화작품 전시행사 관람을 비롯하여 다채로운 체험활동도 할 수 있어요. 여유가 생기면 주실마을의 풍경을 둘러보는 것도 좋지요.

자신이 좋아하는 일을 포기하는 것은 쉽지 않아요. 하지만 조지훈은 옳지 않은 일을 할 수 없어 시 쓰는 일을 스스로 포기했어요. 지금 시 쓰기를 포기한 조지훈에게 어떤 말을 해 주고 싶나요? 편지글로 써 보세요.

● 조지훈 시인께

05

풍부한 감성으로
새로운 세계를
꿈꿔요

노작 홍사용 문학관

이슬에 젖었지만, 깨끗하고 맑은 '왕'이로소이다

"나는 왕(王)이로소이다, 어머니의 외아들 이렇게 나는 왕(王)이로소이다. 그러나 눈물의 왕(王)! 이 세상 어느 곳에서든지 설움 있는 땅은 모두 왕(王)의 나라로소이다."

홍사용이 쓴 「나는 왕이로소이다」의 첫 부분이에요. 왕이라고 하면 즐겁고 신날 것 같은데 시에 나온 왕은 뭔가 슬프고 안타까운 느낌이 들어요. 홍사용이 1923년에 쓴 「나는 왕이로소이다」는 9연으로 이루어진 산문시로, 일제 강점기를 살아가는 사람들의 슬픔과 한을 표현하고 있어요.

홍사용은 1922년에 나도향, 현진건과 함께 문예 동인지 『백조』를 창간하여 향토적이고 감상적인 서정시를 주로 썼어요. 소설, 수필, 희곡 등도 썼는데 특히 연극에 관심이 많아 극단 토월회에 참여하면서 연극연출을 하고, 다양한 작품을 무대에 올리기도 했지요.

1939년에 희곡 김옥균전을 쓰다가 일제의 검열에 걸리자 붓을 꺾고 절필 선언을 한 홍사용은 가난 속에서 살다가 폐결핵으로 세상을 떠났어요.

홍사용의 호인 '노작'은 '이슬에 젖은 참새'라는 뜻이에요. 시인은 그의 호처럼 슬프고 쓸쓸하게 살았지만 친일의 글은 단 한 줄도 쓰지 않았던 그의 올곧은 마음이 많은 사람들에게 전해져 지금은 외롭지 않을 거예요.

홍사용의 고고한 발자취를 만나다

선비와 같은 고고함을 지키면서 외롭고 쓸쓸하게 살다간 노작 홍사용을 기리는 문학관은 경기도 동탄에 있어요. 뒤로는 산과 맞닿아 있고 앞으로는 동탄 신도시의 고층 아파트가 보이는 곳으로, 입체적인 디자인의 2층 건물이에요. 전체적으로 회색이지만 2층의 튀어나온 붉은색 목재 건축물 때문에 강렬한 느낌을 받을 수 있어요.

문학관 옆에는 홍사용의 대표적인 시 「나는 왕(王)이로소이다」가 세로로 적힌 큰 시비를 볼 수 있어요. 홍사용의 시집 『나는 왕(王)이로소이다』는 유고 시집으로, 유족들이 시와 산문을 모아 1976년에 출간했지요. 시집에는 「백조는 흐르는데 별 하나 나 하나」, 「꿈이면은?」 등 30여 편의 시가 있어요.

시인이자 극작가, 수필가로 활동하며 전 재산을 문학과 연극 등 문화운동에 지원하고 친일에 부역하지 않은 그의 일화가 알려지면서 홍사용의 발자취를 찾는 사람들이 늘고 있어요.

주소 경기도 화성시 노작로 206
전시시간 9:00~18:00
휴관일 매주 월요일, 명절, 선거일
관람료 무료(단체 관람 시 사전 예약)
문의 031-8015-0880

🌱 삶을 예술처럼

문학관 입구에 들어서면 벽면에 시인의 연보와 근대시의 역사가 깔끔하게 정리되어 있는 것을 볼 수 있어요.

2층 전시실에서는 홍사용이 만든 낭만주의 문예종합 동인지 『백조』와 『백조』에 참가한 시인들과 그 작품을 볼 수 있어요. 여기에서 우리 연극의 시발점이 된 토월회도 소개하고 있는데, 홍사용은 연극에 직접 출연하고 연극연출도 했다고 해요.

'기억의 방'에는 시, 소설, 수필 등으로 알아보는 홍사용의 문학 세계와 원고지에 수려하게 써 내려간 그의 친필, 신문을 통해 본 홍사용, 문학 연구 자료들이 전시되어 있어요.

미투리에 두루마기만 걸친 채 유랑생활을 한 홍사용을 추모할 수 있는 '추모의 방'에는 "가장 어진 조선의 심장이 이날 또 하나 멎었나니"라는 청마 유치환이 쓴 추모시 「하나 호롱」과 "오직 뜻있는 선비요 깨끗한 시인일 뿐"이라는 조동탁의 추도사를 볼 수 있어요.

🌱 문화 예술을 위한 복합문화공간

홍사용 문학관은 홍사용을 기리는 문학관이자 지역 주민의 문화 예술 활동을 위한 복합문화공간으로 다양한 문학 강좌와 특강 등이 열려요. 또 1층에는 홍사용이 만든 '산유화회'의 이름을 딴 '산유화 극장'과 책을 읽을 수 있는 북카페 '청산백운'이 있어요.

전시실 밖 복도에는 2002년 제정된 노작문학상 수상자인 시인 안 도현, 이문재 등의 수상자 소개와 수상작들이 전시되어 있어요.

🌱 노작공원과 홍사용 묘역

문학관 부근의 노작공원에서 홍사용의 사진과 「해저문 나라에」라 는 시비를 비롯하여 다양한 형태의 시비를 볼 수 있어요.

또 문학관 뒤편으로 올라가다 보면 반석산 중턱에 홍사용 묘역이 있 어요. 작가 연보와 「나는 왕이로소이다」 시비가 옆에 있는 아담한 홍 사용 묘역을 사계절 푸르름을 간직하는 사철나무가 지키고 있지요.

일제 강점기 때 홍사용은 친일의 글을 단 한 줄도 쓰지 않
았어요. 이러한 홍사용에게 상장을 준다면 어떤 상장을
주고 싶나요? 홍사용에게 줄 상장을 만들어 보세요.

박인환 문학관

목마를 타고 떠난
가을의 시인

박인환 시인의 거리
Park In Hwan Street
산촌민속박물관
Mountian Village Folk Museum

친구들은 혹시 별명이 있나요? 미소천사, 코난, 요미처럼 들으면 기분 좋아지는 별명도 있지만 대마왕, 까만콩, 왕돼지 같은 별명이라면 화가 나서 말하기 싫을 거예요.

박인환 시인은 '명동 백작'이라는 별명을 갖고 있어요. 명동은 해방 후 예술가들이 모이던 곳인데 명동의 다방과 술집에 매일 출근하다시피한 시인은 끼니를 거르는 상황에서도 양복을 맵시 있게 차려입을 정도로 멋쟁이였다고 해요.

집안의 기대를 한 몸에 받은 박인환은 열아홉 살 때 해방이 되자 평양의학전문학교를 그만두고 서울 종로에 '마리서사'라는 서점을 열어요. 서점은 문인들의 사랑방이 되지만 경영난으로 삼 년 만에 문을 닫게 되지요.

그후 박인환은 1946년 12월에 「거리」라는 작품을 발표하여 문단에 데뷔했고, 6·25 전쟁이 끝난 뒤 명동에서 예술가들과 교류하며 시를 썼어요. 명동을 주름잡던 문인 중에서 박인환만큼 세련되고, 감성적인 시를 쓴 시인은 찾아보기 힘들었어요.

"한 잔의 술을 마시고/우리는 버지니아 울프의 생애와/목마를 타고 떠난 숙녀의 옷자락을 이야기한다."로 시작하는 「목마와 숙녀」는 박인환의 대표작으로 전쟁 후 불안하고 고독한 마음을 잘 나타내고 있어요.

1955년에 자신의 첫 시집 『박인환선시집』을 낸 시인은 서른 살이 되던 다음해에 심장마비로 세상을 떠났어요. 명동 거리를 걷다 보면 다방에서 레인코트를 입은 시인이 글쓰는 모습이 절로 떠올라요.

문학관 속으로

문학과 낭만이 있던 1950년대 명동 속으로

　박인환을 가리켜 술과 낭만으로 시를 썼다고 할 정도로 시인은 술을 즐겨 마셨어요. 가을이면 "지금 그 사람 이름은 잊었지만"으로 시작되는 낭만적인 노래 「세월이 가면」이 인기인데 이 노래는 술집에서 만들어졌어요. 1956년 이른 봄, 명동의 한 술집에서 술을 마시던 시인이 즉석에서 시를 쓰고, 친구 이진섭이 곡을 붙였지요. 그리

고 테너 임만섭이 노래를 부르면서 국민 대중가요가 된 거예요.

　문학관은 시인의 생가가 있던 강원도 인제군 상동리에 있는데, 소양강이 흐르는 마을에서 태어난 시인은 학교를 오가는 길에 꽃과 새와 강물과 친해졌다고 해요. 이러한 시인의 순수한 감성과 도시에서의 삶이 만나서 독특한 시를 우리에게 남긴 거지요.

　문학관에서 가장 눈에 띄는 것은 시인의 동상이에요. 코트를 입고 바람에 넥타이가 흩날리는 시인이 만년필을 손에 들고 있는 반신 조각상인데 특이하게 몸체 안이 텅 비어 있어요. 비어 있는 시인의 품속에 들어가 앉으면 시인의 노래와 시를 들을 수 있어요.

🌱 삶과 예술을 사랑한 가을 신사

　문학관은 그야말로 영화 세트장 같아요. 1940~1950년대 서울 종로와 명동 거리를 고스란히 만날 수 있거든요.

문학관 입구 벽에는 당시 인기 있었던 영화 포스터들이 걸려 있고, 서점 마리서사를 배경으로 우리를 반기는 듯한 모습의 시인의 조형물을 만날 수 있어요.

　　마리서사에는 구하기 힘든 외국 작가들의 작품과 문예지, 화첩 등이 있어서 시인이나 소설가, 화가들이 매일같이 드나들었다고 해요. 이곳에서 시인은 이정숙을 만나 사랑하고 결혼을 하지요.

　　김수영 시인의 어머니가 한 빈대떡집 '유명옥'도 있고, 해방이 되자 명동에서 가장 먼저 문을 연 '봉선화 다방'을 비롯하여 시인의 출판기념회를 연 '동방싸롱', '모나리자 다방' 등도 둘러볼 수 있어요. 당시에 다방은 문인들이 차를 마시면서 시를 쓰고 사람도 만나고, 출판기념회, 시낭송의 밤 등의 행사를 하는 장소였어요. 문인들에게 다방은 떼려야 뗄 수 없는 특별한 공간이었죠.

"명동의 엘리지, 세월이 가면"

술집 「은성」에서 회상값 때문에 작사했다는 세월이 가면
이란 시가 노래로 만들어지게 된 배경에는 재미있는 일화가
숨어 있습니다.
박인환 등이 밀린 외상값을 갚지도 않은 채 계속 술을 요구
하자 은성 술집 주인은 술값부터 먼저 갚으라고 요구하기
시작했습니다.

이때 박인환이 잠시 생각에 잠겼다가
갑자기 펜을 들고 종이에다 무언가를 황급히 써내려 가기
시작했습니다. 그것은 바로 「은성」 주인의 술은 과거에
관한 시적 표현이었습니다. 작품이 완성되자 박인환은 즉시
옆에 있던 작곡가 이진섭에게 작곡을 부탁하였고 가까운 곳
에서 술을 마시고 있던 가수 현인을 불러서 노래를 부르게
했습니다. 이 노래를 들던 「은성」 주인은 기어이
울음을 울으면서 밀린 외상값은 안 갚아도 좋으니 제발 그 노
래만은 부르지 말아 달라고 오히려 애원하기까지 했다는 일
화가 「명동백작」으로 불리던 소설가 이봉구의 작품 「명
동」에서 소개되고 있습니다.

주소 강원도 인제군 인제읍 인제로 156번길 50

전시시간 9:00~17:00

휴관일 매주 월요일, 1월 1일, 설날·추석 당일, 법정 공휴일 다음날

관람료 무료

문의 033-462-2086

🌱 문인들의 만남의 장소

1층과 연결된 계단을 올라가면 아래층의 명동거리가 한 눈에 들어와요. 시인이 「세월이 가면」을 만든 '은성'이 있는데, 은성은 가난한 문인들이 자주 이용하던 막걸리집이었어요. 문인들이 술을 마시며 대화를 나누는 모습을 보면 놀라운 시가 탄생할 것만 같아요.

또 시인의 사진들이 전시되어 있고 편안하게 앉아 책을 읽을 수 있는 작은 도서관 '마리서사'가 있어요.

문학관 유리창에는 시인의 대형 인물 사진과 흑백사진으로 된 생가터, 시인의 약력이 적혀 있고, 문학관 앞마당에는 귀여운 목마 모양의 작은 도서관 '책 읽는 목마'가 서 있어요. 「목마와 숙녀」에 나오는 목마의 이미지를 따온 것으로, 어린이들의 작은 도서관이지요. 책꽂이에는 어린이 책이 가득하고 작은 칠판도 있어요.

문학관 뒤편으로 '시인 박인환의 거리'가 있는데, 시 「목마와 숙녀」와 술 주전자를 앞에 둔 시인의 모습이 새겨진 조형물과 시를 새긴 의자, 아이들이 쓴 시를 매달아놓은 사과나무 조형물 등을 볼 수 있어요.

시인이 종로에 세운 서점의 이름인 마리서사는 프랑스 출신 화가이자 시인인 '마리 로랑생'과 서점을 뜻하는 '서사(書舍)'를 합친 말이에요. 만약 내가 서점을 연다면 어떤 이름을 붙이고 싶나요? 한글과 외국어를 조합해서 이름을 지어 보고, 어떤 모습일지 그려 보아요.

● 서점 이름과 뜻

● 서점 모습

여수, 통영, 거제 등이 있는 남해안은 사람들한테 인기 있는 여행지예요. 이 중에서도 경남 남서쪽 끝자락에 있는 삼천포는 어느 항구와도 비교할 수 없을 만큼 아름다운 항구 도시예요. 우리나라 서정시를 대표하는 작가 박재삼이 자란 곳이 바로 삼천포예요.

박재삼은 너무 가난해서 중학교 입학을 포기하고 삼천포여중에 사환으로 들어가게 돼요. 그곳에서 시조 시인 김상옥을 만나죠. 박재삼은 운명처럼 시인에게 문학수업을 받게 되는데 스승인 김상옥의 시조집을 살 돈이 없어서 그것을 모조리 공책에 베껴 쓸 만큼 열정을 가졌다고 해요.

1953년 시조 「강물에서」를 발표한 박재삼은 김상옥의 소개로 현

박재삼 문학관

가장 슬픈 것을 노래하는 것이
가장 아름다운 것을 노래한 것이다

대문학사 기자로 취직하고 서울에서 창작활동을 시작해요. 1962년 첫 시집 『춘향이 마음』을 발간하고 정식으로 문단에 나온 박재삼은 『천년의 바람』, 『울음이 타는 가을 강』 등 수많은 시집을 남겼어요.

"가장 슬픈 것을 노래하는 것이 가장 아름다운 것을 노래한 것이다."라고 말한 시인의 시에는 '한'의 정서가 자리 잡고 있어요. 시인은 자연과 소박한 일상생활에서 소재를 찾아 '한'을 풀어냈는데, '한을 가장 아름답게 성취한 시인'으로 불리기도 해요.

눈부시게 반짝이는 삼천포 앞바다의 풍경을 보며 상상력을 키운 박재삼, 가난을 시의 원천으로 삼은 그의 시는 서민들의 고단한 삶을 위로하고 응원하고 있어요.

문학관 속으로

바다, 나무, 햇빛, 바람이
희망을 노래해요

삼천포시 한가운데에 삼천포 앞바다를 한눈에 볼 수 있는 노산 공원이 있어요. 노산 공원은 박재삼이 바다, 나무, 햇빛, 바람 등의 자연을 느끼며 시심을 키운 곳이에요. 바로 이곳에 박재삼 문학관이 있어요.

문학관 옆에는 조선 영조 시대에 건립되어 인재들이 모여서 공부하던 학당이자 서재인 호연재가 있고 마당 한가운데에는 아름드리 느티나무가 우뚝 서 있어요. 왼쪽에는 시인의 등신대 동상이 긴 의자에 앉아 있는데, 시인 옆에 앉아서 푸른 바다와 섬을 바라보면 가난과 슬픔을 달래고 희망을 노래하는 시인의 마음을 더 잘 느낄 수 있지요.

🌱 고단한 삶을 노래한 시인

문학관 입구에 들어서면 박재삼의 흉상과 흑백 초상 사진들이 보여요. 또 삼천포항을 배경으로 "진실로 진실로/세상을 몰라 묻노니/별을 무슨 모양이라 하겠는가/또한 사랑을 무슨 형체라 하겠는가/93년 봄 박재삼"이라고 적은 시인의 친필을 만날 수 있어요.

주소 경상남도 사천시 박재삼길 27
전시시간 9:00~18:00
휴관일 매주 월요일,
         1월 1일, 설날·추석 당일
관람료 무료
문의 055-832-4953

박재삼 연보와 주변 사람들의 추억담 속에 절로 드러나는 시인의 모습을 볼 수 있는 '박재삼과 사람', 시인의 시를 감상하고 소박하고 정갈한 시인의 작업실을 그대로 재연한 '시인의 글방' 등이 전시되어 있어요. 또 박재삼의 시를 몸과 마음으로 느낄 수 있는 시 낭송실에서는 주크박스에서 시와 배경음악을 선택해서 시를 낭송한 다음 USB에 저장해서 갖고 갈 수 있어요.

🌱 시인을 그리며

2층에는 시를 통한 시인의 일대기를 영상으로 볼 수 있는 다목적실과 시인의 소장 도서가 보관되어 있는 서고가 있어요. 또 박재삼의 시를 직접 탁본하는 체험을 할 수도 있지요.

3층에는 어린이도서관과 옥외 휴게실이 있는데 옥외 휴게실에서 삼천포항의 아름다운 풍경을 감상할 수 있어요.

박재삼은 "가장 슬픈 것을 노래하는 것이 가장 아름다운
것을 노래한 것이다."라고 했어요. 내가 생각하기에 슬프
지만 아름다운 것에는 어떤 것이 있을까요? 마음속 깊이
생각해 보고, 생각한 것을 그 까닭과 함께 정리해 보세요.

- 슬프지만 아름다운 것

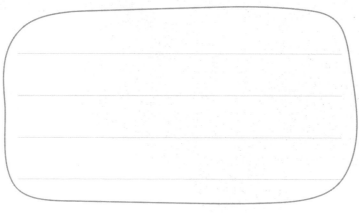

- 그렇게 생각하는 까닭

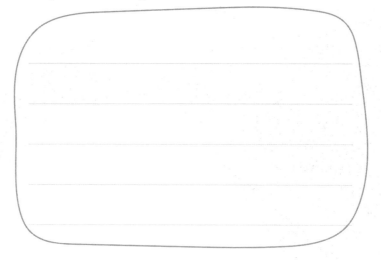

청마 문학관

**남성적인 시 세계를
거침없이 보여 주다**

친구나 가족한테 편지를 써 본 적이 있나요? 요즘은 휴대전화나 메일로 소식을 전하지만 옛날에는 편지를 써서 보냈어요. 답장을 기다리며 집배원 아저씨가 오기를 기다렸지요.

"사랑하는 것은/사랑을 받느니보다 행복하나니라/오늘도 나는/에메랄드빛 하늘이 환히 내다뵈는/우체국 창문 앞에 와서 너에게 편지를 쓴다."라는 글은 유치환의 「행복」이라는 시의 첫 구절이에요. 실제 유치환은 시조시인 이영도에게 20년 동안 1,500통의 편지를 써서 보냈다고 해요.

1908년 거제도에서 태어나 통영에서 자란 유치환은 정지용 시인의 시에 깊은 감동을 받아 시를 쓰기 시작했어요. 1931년에 『문예월간』에 「정적」이라는 시로 문단에 데뷔하였고, 1939년에 첫 시집 『청마시초』를 출간하였어요. 여기에 유치환의 대표작인 「깃발」이 실려 있어요.

"이것은 소리 없는 아우성"으로 시작하는 「깃발」은 꿈꾸고 바라는 세상에 닿을 수 없는 어려움을 담은 작품으로, 많은 사람들에게 큰 울림과 공감을 준 작품이에요.

「깃발」, 「생명의 서」, 「행복」 등은 교과서에도 많이 실린 유명한 작품인데 유치환은 한국문학사에서 남성적 시 세계를 거침없이 보여준 시인으로 평가받고 있어요. 하지만 만주에 있을 때 쓴 시와 산문이 친일 논란에 휩싸이면서 유치환을 애국시인으로 알고 있던 많은 사람들에게 분노와 실망을 주었지요.

'시인이 되지 않았다면 천문학자가 되었을 것'이라고 이야기한 유치환은 1967년에 교통사고로 세상을 떠났어요.

푸른 자연에서 만나는
'깃발'

우리나라의 대표적인 소설가 박경리를 비롯해, 꽃의 시인 김춘수, 세계적인 음악가 윤이상, 한국의 피카소 화가 전혁림 등 아름다운 항구 도시인 통영 출신의 문화예술인들이 많아요.

유치환 역시 통영의 문화예술인을 꼽을 때 빼
놓을 수 없는 시인이지요. 시인의 호인 '청마(푸른
말)'는 푸른 통영 바다를 보며 자란 시인이 상상력을
발휘해 만들었을 거예요.

청마 문학관은 통영 앞바다가 한눈에 들어오는 망일봉 기슭에 자
리하고 있는데 문학관에 가기 위해서는 초록이 어우러진 계단을 올
라가야 해요. '청마 문학관'이라는 현판이 있는 곳에서 돌계단을 따라
올라가면 맞은편에 아담하고 정갈한 느낌이 드는 문학관이 보여요.

문학관에 들어가기 전에 계단을 오르느라 가쁜 숨을 고르다보면
바다가 내려다 보일 거예요.

문학관 입구에는 유치환을 대표하는 시 「깃발」이 관람객들을 맞고
있고 1945년에 통영의 문화예술인들이 함께 모여 찍은 사진도 볼 수
있어요.

우편국에서

진정 마음 외로운 날은
여기나 와서 기다리자
너 아닌 숱한 얼굴들이 드나드는 유리문 밖으로
연보랏빛 갯바람이 할일 없이 지나가고
노상 파아란 하늘만이 열려 있는데...

유치환

🌱 청마의 생애

전시실은 '청마의 생애', '청마의 문학', '청마의 발자취'로 구성되어 있어요. 먼저 '청마의 생애'에서는 유치환의 생애를 연도별로 정리해 유치환의 삶을 알 수 있게 전시하고 있지요. 고향인 통영, 일본 유학과 연세대학교 시절을 알 수 있고 시인의 작품 활동과 시집도 볼 수 있어요. 또 「광야에 와서」라는 시와 함께 만주로 간 유치환과 교육자였던 유치환의 활동 등에 대해서도 소개하고 있어요. 중앙에는 안경을 쓴 유치환의 흉상이 전시되어 있어요.

🌱 청마의 문학

1930년대부터 1960년대까지 유치환의 작품 세계와 대표적인 작품을 소개하고 있는데 유치환의 시 세계를 폭넓게 이해할 수 있어요. 또 작가의 육필 원고와 14권의 시집도 만날 수 있고, 작가를 소개하는 영상도 볼 수 있어요.

🌱 청마의 발자취

『등불』, 『죽순』 등 유치환이 참가한 동인지 활동과 유치환이 작품을 쓴 문예지, 평론, 작품 수록 전집 등이 가지런하게 책장에 전시되어 있어요. 또 유치환의 숨결을 생생하게 느낄 수 있는 유품실도 있는데 시인의 사진과 시인이 사용한 국어사전, 서예작품, 조지훈 시인, 김춘수 시인에게 받은 편지 등이 있어요. 누렇게 바랜 편지봉투와 편지를 보면 그의 시 「행복」을 자연스럽게 떠올리게 돼요.

🌱 청마 생가

　문학관 옆에 돌계단이 있는데 유치환의 생가로 올라가는 길이에요. 유치환이 세 살 때부터 살았던 통영의 집을 복원한 것으로, 약방, 안방, 부엌, 마루 등을 갖춘 본채와 사랑방, 창고, 화장실로 이루어진 아래채가 있어요.

　돌절구와 맷돌이 정겹게 맞아주는 생가에서 특징적인 공간은 약방인데, 유치환의 아버지는 약국을 했어요. 이곳에 있으면, 푸른 통영 바다를 보며 사랑과 기다림의 행복을 시로 표현한 유치환의 모습을 잠시나마 상상할 수 있을 거예요.

주소　경상남도 통영시 망일1길 82
전시시간　9:00~18:00
휴관일　매주 월요일, 공휴일 다음날, 1월 1일, 설날·추석
관람료　어린이 및 청소년 1,000원, 어른 1,500원,
　　　　만 6세 미만 및 만 65세 이상 노인 무료,
　　　　20인 이상 단체 관람 시 500원 할인
문의　055-650-2661

깃발

유치환

이것은 소리 없는 아우성

저 푸른 해원(海原)을 향하여 흔드는

영원한 노스텔지어의 손수건

순정은 물결같이 바람에 나부끼고

오로지 맑고 곧은 이념(理念)의 푯대 끝에

애수(哀愁)는 백로(白鷺)처럼 날개를 펴다

아아 누구던가

이렇게 슬프고도 애달픈 마음을

맨 처음 공중에 달 줄을 안 그는

시인이 되었다고 생각하고, 아름다운 주변 풍경을 담은
시를 써 보세요.

한무숙 문학관

민족의 전통 언어로
역사와 동행하다

여러분은 어떤 재능이 있나요? 노래, 글짓기, 악기 연주, 마술, 야구, 그림 그리기……. 자신이 어떤 분야에 재능이 있는지 아직 모르는 친구들도 있겠지만 한 가지가 아니라 두 가지, 세 가지 재능을 가진 친구들도 있을 거예요.

소설가 한무숙은 소설가로서의 재능뿐 아니라 일어, 영어 등 외국어 능력도 뛰어나고, 그림에도 재능이 있었어요. 한무숙은 화가가 되고 싶어서 고등학교 졸업 후 일본으로 유학을 갔어요. 그곳에서 만난 스승인 아라이는 그녀의 천재적인 재능에 놀라워했다고 해요. 그러나 한무숙은 결혼 후 시부모와 함께 살게 되면서 화가의 길을 포기해요.

그러던 어느 날 한무숙은 장편 소설 모집 광고를 보고 소설을 쓰기 시작해요. 마감 40일을 앞두고 처음 쓴 『등불 드는 여인』으로 등단한 한무숙은 5년 뒤 『역사는 흐른다』로 국제신보 장편 소설 공모에 당선돼 사람들을 깜짝 놀라게 만들었어요.

삼대에 걸친 조씨 가문의 이야기를 풀어낸 역사 소설 『역사는 흐른다』는 많은 작가들에게 큰 영향을 끼쳤는데 작가는 "개인이나 집안의 사연들은 어쩔 수 없이 '역사'와 동행할 수밖에 없다."라고 말했어요.

한무숙의 집은 수많은 문인, 화가, 음악가 등 예술가들의 사랑방이었고, 고향을 떠나 문학을 공부하는 사람들이 머무는 따뜻한 공간이기도 했어요.

종이와 연필만 있으면 쓸 수 있을 것 같아서 시작한 그녀의 글쓰기는 한국인의 정체성과 역사의식을 고취시키는 작품으로 남아 있어요.

문학의 향기가 나는 정원

　　서울 혜화동 혜화문에서 명륜동 와룡공원 쪽으로 가다 보면 제1,2 공화국 때 국무총리와 부통령을 지낸 장면이 살던 집을 볼 수 있어요. 한국근대문화유산으로 보존되고 있는 장면 가옥에서 조금 더 올라가면 아담한 한옥을 만나게 돼요. 한무숙이 40년 동안 정성들여 가꾼 집으로, 이곳이 바로 한무숙 문학관이에요. 1993년에 작가가 떠난 뒤 일부를 서양식으로 바꿨지만 건물과 정원은 그때 그 모습 그대로 보존되어 있어요.

　　대문을 열면 '향정원'을 만나게 돼요. '향기가 나는 정원'을 뜻하는 '향정'은 한무숙의 호인데 봄에는 철쭉과 모란, 여름에는 백합과 백일홍, 가을에는 국화꽃과 다양한 분재가 어우러져 색다른 분위기를 연출해요. 또 정원의 작은 연못에서는 자유롭게 헤엄치는 금붕어도 볼 수 있어요.

　　화가, 작가 등 많은 사람과 교류하고, 해외 유명 인사들도 찾던 한무숙의 집은 지금 문학관으로 변모해 더 많은 사람들과 만나고 있어요.

🌱 예술과 사람을 사랑한 작가

　제1전시실은 예전에는 작가의 출판 기념회 등 크고 작은 연회가 열렸던 곳으로 작가의 사진과 연보를 볼 수 있어요. 작가의 육필 원고, 저서, 자녀들에게 받은 편지와 예술인들과 나눈 편지, 생활용품 등도 전시되어 있지요. 이곳에서는 한국의 버지니아 울프로 불리며 멋쟁이였던 작가의 물건들도 볼 수 있는데, 선글라스, 파티용 장갑, 핸드백 등 작가의 소품이 전시되어 있어요.

　제2전시실은 국내외 문인을 비롯해 유명인 등과 대화를 나누던 응접실로, 예전 모습을 그대로 간직하고 있어요. 가까이 지낸 예술인들에게 선물 받은 그림과 족자들이 전시되어 있는데, 이승만 전 대통령의 서화가 인쇄된 부채도 있지요.

주소 서울특별시 종로구 혜화로 9길 20
전시시간 10:00~17:00 (12:00~13:00 점심시간 제외)
휴관일 매주 일요일, 법정 공휴일
관람료 무료(사전 예약제 운영. 방문을 원하는 사람은 하루 전까지 예약을 해야 함.)
문의 02-762-3093

또 시인 서정주가 자필로 적은 시도 볼 수 있어요. 이곳에는 그 시대에 사용했던 전화기와 전등을 비롯해 작가의 남편인 김진홍의 조각 작품 등이 고유한 멋을 풍기며 전시되어 있지요.

🌱 창작의 세계

2층에는 작가의 집필실이 마련되어 있어요. 책으로 가득한 책장이 벽면을 둘러싸고 있고, 책장에는 문인들이 기증한 책과 다양한 문학책, 집필에 필요한 자료들이 있어요. 또 루마니아 작가이자 신부인 게오르규, 일본 소설가 이시카와 다쓰조 등 외국 작가들의 서명본과 소설가 박경리, 시인 박재삼 등과 함께 찍은 사진도 볼 수 있어요.

3층에는 제3전시실이 있는데, 이곳에는 화가가 꿈이었던 작가의 삽화와 작가가 만든 도자기를 비롯해 『등불 드는 여인』의 육필 원고, 창작을 위한 메모 등이 전시되어 있어요. 작가의 사진과 가족사진도 볼 수 있어요.

한무숙은 '향정'이라는 호처럼 자신의 정원을 아름답게 가꾸었어요. 만약 내 정원을 갖게 된다면 어떻게 가꿀지 그림으로 그려 보세요.

06

웃음 뒤에 숨어 있는
슬픔과 굽이치는
이야기들을 만나요

박경리 문학공원

상처와 절망을 넘어,
『토지』로
한국 문학을
대표하다

소설가 박경리가 대하소설『토지』를 쓰면서 사용한 원고지는 몇 장 정도 될까요? 무려 3만 1,200장에 이른다고 해요. 글을 쓰는 것이 작가의 일이라고 해도 정말 대단하다고 할 수 있어요.

아버지가 집을 나가 어머니와 함께 살며 불우한 성장기를 보낸 박경리는 한국전쟁으로 남편을 잃고, 등단한 지 얼마 안 돼서 아들이 죽는 불행을 겪어요. 박경리는 깊은 슬픔과 절망 속에서도 글을 쓰는 것을 멈추지 않았고 단편 소설「불신시대」를 써서『현대문학』신인상을 받지요.

여러 작품 활동을 하던 박경리는 1969년 6월부터『토지』를 잡지에 연재하기 시작해요. 쓰는 도중 유방암 수술을 받은 작가는 붕대로 수술 자리를 동여매고도 글 쓰는 것을 멈추지 않았어요.

이처럼 작가의 삶을 걸며 치열하게 써 내려간『토지』는 연재를 시작한 지 25년이 된 1994년에 그 대장정의 막을 내려요. 긴 집필 기간과 그만큼 긴 길이의 작품임에도 불구하고 많은 사람들이『토지』의 재미와 감동에 빠져 들었어요.

"글 쓰는 일이 너무 행복하지만, 너무 고통스러워 책으로 나온 내 책을 읽는 것조차 고통스럽다."라고 고백한 박경리의『토지』는 한국 문학을 대표하는, 우리나라 문학계에 길이 남을 고전이 되었어요.

자신의 삶처럼 어떤 고난과 역경에도 희망을 잃지 않는 사람들의 강한 생명력을 보여 주고 싶었던 작가는 8 · 15 독립 소식을 듣고 덩실덩실 춤을 추며 고향으로 돌아오는 모습으로『토지』의 마지막을 장식해요.

소박한 공원에 펼쳐진
작가의 노동과 글쓰기

섬진강이 감싸고 있는 하동 평사리의 최참판댁을 배경으로 시작하는 『토지』는 대한제국시대, 일제 식민지 시대를 거쳐 광복에 이르는 민족의 역사를 다룬 대하소설이에요. 『토지』에서 수많은 사람을 등장시키고, 그들의 삶을 써 내려간 작가의 문학 세계는 원주 시내에 있는 박경리 문학공원에서 만날 수 있어요.

문학공원이라는 말처럼 나무와 꽃이 있는 공원 안에는 박경리 문학의 집, 박경리의 옛집, 북카페, 토지 테마공원이 있어요.

박경리는 "노동과 글쓰기와 나는 삼발이(둥근 쇠 테두리에 발이 세 개 달린 기구) 같은 것"이라고 했어요. 글을 쓰다가 막히면 밭에 나가 풀을 뽑거나 밭을 일구면서 답답한 마음을 해소하고, 또 글을 쓰는 자신의 운명이 삼발이와 같다고 한 것이지요.

주소 강원도 원주시 토지길 1

전시시간 10:00~17:00

휴관일 매월 넷째 주 월요일, 명절 연휴(1월 1일, 설날, 추석)

관람료 개인(초등학생 이상) 1인 2,000원, 단체(30인 이상) 1인 1,500원

　　　 단체 관람 및 해설 요청 시 사전 예약

문의 033-762-6843

쉬엄쉬엄 산책을 하다가 옛집 정원에 들어서면 밭을 일구다가 잠시 쉬고 있는 작가가 돌보던 고양이가 반겨줄 거예요.

🌱 박경리의 삶과 문학

박경리 문학의 집은 5층 건물로 1층은 사무실이어서 전시실이 있는 2층으로 곧바로 갈 수 있도록 설계되어 있어요. 이곳에서 『토지』의 육필 원고와 만년필, 늘 곁에 두었던 국어사전과 작가의 유품, 직접 만들어 입던 옷과 재봉틀 등을 볼 수 있어요.

3층에는 『토지』의 역사적, 공간적 이미지와 등장인물 관계도, 영상자료 등 토지를 쉽게 이해할 수 있는 전시실이 있고, 5층에서는 작가를 직접 만날 수 있는 영상물을 상영하고 있어요.

문학공원에는 『토지』를 완성하고 작가가 죽음을 맞기까지 18년 동안 산 옛집과 뜰이 원형 그대로 보존되어 있어요. 2층집 거실에 걸린 사진 속 작가와 책들이 쌓여 있는 책꽂이, 사전과 원고지가 펼쳐져 있는 앉은뱅이책상을 보고 있으면 금방이라도 짧은 휴식을 마친 작가가 집으로 들어와서 글을 쓸 것만 같아요.

🌱 자연에서 만나는 토지

『토지』를 주제로 꾸민 테마 공원은 평사리마당, 홍이동산, 용두레 벌로 꾸며져 있어요.

평사리마당은 『토지』에 나오는 주인공들의 고향인 평사리의 들녘이 연상되도록 섬진강 선착장, 둑길 등이 아담하게 조성되어 있어요.

홍이 동산은 『토지』의 어린이 주인공인 홍이의 이름에서 따온 것으로, 아이들이 자유롭게 뛰놀 수 있는 동산이라는 의미예요. 이곳에 있다 보면 『토지』의 주인공이 된 듯한 기분이 들어요. 용두레벌은 『토지』 2부의 배경이 되는 만주의 지명으로, 이곳에서는 일송정, 용두레우물, 돌무덤, 흙무덤을 볼 수 있어요.

또 근처에는 책을 볼 수 있는 휴식 공간과 일제 강점기 때 교과서, 희귀자료가 전시된 북카페가 있어요.

원주시 흥업면 매지리에는 각종 학술·문화행사를 열고 작가들을 위한 창작 공간을 제공하는 토지 문화관이 있어요. 토지 문화관은 문학 분야뿐 아니라 영화, 연극, 음악, 미술 등 다른 예술 분야에서 활동하는 사람들도 많이 지원해 우리나라의 문화 예술 발전에 크게 기여하고 있어요.

박경리는 외할머니가 어린 시절 들려준 이야기를 기억했어요. 박경리의 『토지』는 바로 이 이야기를 글감으로 삼아 쓴 거예요.

끝도 없이 넓은 땅에 누렇게 익은 벼가 땅으로 떨어져 내리고 호열자(콜레라)로 사람들이 다 죽고 딸 하나가 남아 집을 지키고 있는데 어떤 남자가 나타나 딸을 데리고 떠나는데……。

엄마나 아빠, 할머니, 할아버지한테 들었던 이야기 중 마음에 든 이야기가 있다면 적어 보세요.

이병주 문학관

역사의 기록자로
소설을 남기다

가을을 대표하는 코스모스가 살랑살랑 춤을 출 때면 경남 하동의 북천코스모스 축제가 열리는 직전마을에 가 보세요. 코스모스로 꽃대궐이 된 그곳에서 문학의 큰 산, 소설가 이병주를 만날 수 있어요.

1921년에 하동에서 태어난 이병주는 경남대학교에서 영어, 철학 등을 가르치다가 국제신보에 들어가 신문기자로 일했어요.

1961년 5·16 군사정변을 일으킨 군부 세력은 이병주가 국제신문에 쓴 「통일에 민족 역량을 총집결하라」는 논설을 문제 삼아 혁명재판소에 제소해요. 징역 10년을 선고받고 2년 7개월 동안 감옥 생활을 하게 된 이병주는 감옥에서 역사의 올바른 기록자가 되기로 결심하고 소설을 쓰게 돼요.

1965년 마흔네 살의 이병주는 소설 『알렉산드리아』로 등단해요. 언론인에서 작가의 길로 들어선 이병주는 27년 동안 한 달 평균 약 1,000여 매의 글을 써내려가며 80여 권의 작품을 남겼어요.

사람들에게 많은 사랑을 받은 그의 대표작 『지리산』은 일제 말기부터 광복과 한국 전쟁으로 이어지는 역사 속에서 고통 받고 싸우며 죽어간 사람들의 삶을 그리고 있어요. 이병주는 『지리산』뿐만 아니라 『산하』, 『그해 5월』 등의 작품을 통해 우리 역사의 생생한 현장 속 다양한 사람들의 삶을 보여 주고 있지요. 이런 까닭으로 이병주를 '기록자로서의 소설가', '증언자로서의 소설가'라고도 해요.

이병주는 문학의 힘을 믿었어요. 그의 믿음처럼 그가 남긴 작품은 많은 사람들에게 깊은 울림을 주고 있어요.

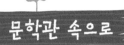

글의 힘을
표현하다

산 좋고 물 맑은 하동을 문학의 고향이라고 해요. 지리산, 섬진강, 남해 바다를 품은 자연 환경은 소설 속 배경으로 많이 등장하는데, 이병주의 『지리산』, 박경리의 『토지』, 김동리의 『역마』, 조정래의

『태백산맥』 등이 이곳을 배경으로 쓴 작품들이에요.

　고향 사랑이 애틋했다는 이병주는 "하동 포구 팔십 리에 물결이 곱고 하동 포구 팔십 리에 인정이 곱소"라는 하동 노랫말을 곧잘 흥얼거렸다고 해요.

　그가 사랑한 하동 이명마을에 자리 잡은 이병주 문학관은 ㄱ자 형태의 건물로, 튼튼한 방갈로처럼 보여요. 중앙은 통로이고 왼쪽은 사무실과 전시실, 오른쪽은 강당, 2층은 창작실로 이루어져 있는데 전시실은 작지만 알차게 구성되어 있어요.

　하늘을 향하고 있는 펜촉 조형물이 문학관 입구 왼쪽과 오른쪽에 나란히 서 있는데 기자이자 소설가인 이병주의 문학 세계를 표현하고 있어요.

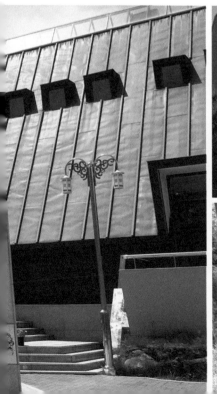

🌱 작가의 혼을 느끼다

1층 전시실에는 큰 만년필이 비스듬히 서 있는데 펜의 윗부분에는 원고지에 써내려간 작가의 육필 원고가, 펜촉이 있는 아래에는 그의 작품집들이 쌓여 있어요. 작가가 된 뒤 한 달에 1,000매 가까운 글을 쓴 이병주의 작가혼을 표현한 조형물이에요.

조형물 중앙에는 그의 대표작인 『지리산』의 한 장면을 실감나게 묘사한 모형도 볼 수 있어요. 또 『지리산』, 『삐에로와 국화』, 『그해 5월』 등 작품 속 어록이 정리되어 있는 '기억 속의 명문장'도 있지요.

주소 경상남도 하동군 북천면 이명골길 14-28
전시시간 9:00~18:00(3~10월), 9:00~17:00(11~4월)
휴관일 매주 월요일(월요일이 공휴일인 경우 다음날 휴관),
1월 1일, 설날·추석 당일
관람료 무료
문의: 055-882-2354

🌱 냉전시대 자유인의 문학

　전시실은 작가가 살아온 날들을 따라 '냉전시대의 자유인, 그 삶과 문학', '한국의 발자크, 지리산을 품다', '끝나지 않는 역사, 산하에 새긴 작가혼', '아직도 계속되는 월광의 이야기'로 나누어져 있어요.

　'냉전시대의 자유인, 그 삶과 문학' 코너에서는 『내일 없는 그날』을 소개하고 있어요. 이병주는 문단에 등단하기 전인 1954년에 부산일보에 이 소설을 연재하기 시작했는데, 6·25 전쟁이 끝난 뒤 사람들의 삶을 자세하게 표현하고 있어요. 1955년 국제신보에 입사하고 신문기자로 활동했던 작가의 모습도 볼 수 있어요.

　'한국의 발자크, 지리산을 품다' 코너에서는 대학생 때 이병주가 책상 앞에 써 붙였던 글이 적혀 있어요. "나폴레옹 앞엔 알프스가 있고, 내 앞에는 발자크가 있다."라는 문장이에요. 발자크는 이병주의 정신적인 스승으로 19세기 프랑스의 소설가예요.

등단 작품인 『알렉산드리아』와 『지리산』의 구절과 모형물도 전시되어 있어요.

🌱 끝나지 않는 작가의 이야기

'끝나지 않은 역사, 산하에 새긴 작가혼' 코너에서는 한국현대사의 생생한 현장을 다룬 이병주의 대하소설과 작가의 정신을 소개하고 있어요. 언론에 나온 이병주 관련 기사를 보면서 작가의 문학 세계를 알 수 있고, 작가의 창작실을 생생하게 재현한 모형도 볼 수 있어요.

'아직도 계속되는 월광의 이야기' 코너에서는 새롭게 조명되고 있는 이병주의 문학 세계와 이병주문학상, 이병주국제문학제를 소개하고 있어요. 매년 9월에 열리는 이병주국제문학제는 추모식, 국제 문학 심포지엄, 강연회, 전국학생백일장 등 다양한 문학 행사로 이루어지며, 이병주문학상은 발표된 장편 소설 가운데 국내외를 구분하지 않고 세계적 수준을 갖춘 작가의 작품에게 주어져요.

🌱 기록의 작가

문학관 밖에는 "역사는 산맥을 기록하고 나의 문학은 골짜기를 기록한다"라는 문학비가 있는데, 문학비 밑부분 역시 펜촉을 닮아 있어요. 넓은 마당 한가운데 원형으로 된 정원에는 소나무가 심어져 있는데, 이곳에서 소설 속 문장을 만날 수 있어요. 또 문학관 맞은편에는 이병주 문학공원이 있어 자연과 함께 이병주의 문학을 느낄 수 있어요.

신문기자였던 이병주는 역사의 올바른 기록자가 되기로 결심하고 소설을 썼어요. 신문기자와 소설가는 어떤 점이 비슷하고 어떤 점이 다를까요? 생각나는 대로 적어 보세요.

● 신문기자와 소설가의 비슷한 점

● 신문기자와 소설가의 차이점

이효석 문학관

**문학과 예술을
사랑하다**

산허리는 온통 메밀밭이어서 피기 시작한 꽃이 소금을 뿌린 듯이 흐붓한 달빛에 숨이 막힐 지경이다.

　이효석의 「메밀꽃 필 무렵」이라는 소설에 나오는 문장이에요. 달빛 아래 하얀 메밀꽃이 흐드러지게 핀 모습을 소금을 뿌린 것 같다고 표현한 작가의 감성이 놀랍지 않나요? 「메밀꽃 필 무렵」은 우리나라 단편 소설을 대표하는 작품으로 오늘날에도 많은 사랑을 받고 있어요.

　어렸을 때부터 학업성적이 우수했던 이효석은 1928년에 경성제국대학 영문과를 졸업하고, 『조선지광』에 단편 소설 「도시와 유령」을 발표하면서 데뷔했어요. 이효석은 신학문을 배운 아버지의 영향으로 빵과 커피를 좋아하고 프랑스 영화 감상을 즐기며 유럽 여행을 꿈꾸기도 했어요.

　이효석은 서정성이 뛰어나고 자연을 묘사하는 데 탁월했어요. 그의 작품 중 「메밀꽃 필 무렵」, 「산」 등의 소설과 「낙엽을 태우면서」 등의 수필은 중고등학교 교과서에 여러 차례 실리기도 했지요. 하지만 일제 강점기 때 일본어로 수필을 쓴 친일 행적이 밝혀지면서 이효석의 평가가 엇갈리고 있어요. "인간 중 시인이 가장 가치 있는 인간"이라고 생각하고, "죽어서 다시 태어난다면 다시 현재의 나로 태어나고 싶다."라고 말할 정도로 문학과 예술을 사랑한 이효석, 일제 강점기가 아닌 다른 시대에 태어났다면 어떤 작품을 남겼을까요?

흐드러지게 핀 메밀꽃으로
들어가다

이효석 문학관은 봉평에 있어요. 봉평은 이효석의 고향이자 대표 작품인 「메밀꽃 필 무렵」의 배경이 되는 곳이지요. 봉평은 대표적인 메밀 지배지로, 해마다 하얗게 메밀꽃이 피어나는 가을이 되면 평창 효석문화제가 열리고 있지요.

이효석이 쓴 「도시와 유령」, 「메밀꽃 필 무렵」 등의 책으로 만든 대문을 지나면 큰 공원 속에 붉은 벽돌로 지어진 문학관을 만나게 돼요. 소박하면서도 단순한 조형물과 자연이 어우러진 이효석 문학관은 우리나라를 대표할 만한 문학관으로 평가받고 있어요.

한쪽 옆에 홀로 서 있는 소나무, 평화로운 봉평의 풍경을 한눈에 볼 수 있는 전망대, 정자가 있는 쉼터, 또 귀여운 당나귀 조각과 문학관에서 약 300미터 정도 떨어진 물레방앗간을 보고 있으면 마치 「메밀꽃 필 무렵」의 장면 속으로 들어간 느낌이에요.

문학정원에서 책상에 앉아 소설을 쓰고 있는 이효석의 모습을 놓치지 마세요. 작가가 새롭게 쓰는 작품을 먼저 볼 수 있는 기회니까요.

🌱 이효석의 문학 세계

이효석의 출생에서 죽음에 이르기까지 시간의 흐름에 따라 그의 문학 세계를 다섯 개의 주제로 나눠서 전시하고 있어요. 가족사진을 비롯해 「메밀꽃 필 무렵」이 실린 일본어 소설집, 1960년대 초에 영화로 만들어진 「메밀꽃 필 무렵」 신문 광고 등 유족과 연구자들이 기증한 흥미로운 자료들을 볼 수 있어요.

특히 옛날 봉평 장터의 재미있고 다양한 모습을 재현한 장터 모형과 「메밀꽃 필 무렵」의 주요 장면들을 표현한 모형들을 보면서 소설 속 내용을 다시 떠올릴 수도 있어요.

또 작가가 살던 평양집 거실에서 찍은 사진을 바탕으로 만든 창작실도 있는데 책상 양 옆으로 축음기와 피아노가 있고, 벽에는 'Merry X-MAS'라는 장식판과 트리가 있어요. 서구 세계에 큰 관심을 갖고 있었던 작가의 생활을 고스란히 알 수 있어요.

이 밖에도 이효석과 고향인 평창, 한국 현대 단편 소설 중에서 가장 뛰어난 작품으로 「메밀꽃 필 무렵」을 자세하게 소개하고 있어요.

🌱 함께 즐기는 문학

이효석 문학관에서는 지역 주민을 위한 문학 강좌, 일반인을 위한 문학캠프, 세미나, 문학의 밤 등 다양한 '문학교실' 프로그램을 운영하고 있으며, 이효석의 문학 세계를 깊이 연구하는 학예연구실도 있어요.

소중하고 그리운 사람에게 편지를 쓰면 6개월 후 수신자에게 편지가 전달되는 '느린 우체통'도 마련되어 있으니 그리운 사람에게 편지를 써 보는 것도 좋은 경험이 될 거예요.

주소 강원도 평창군 봉평면 효석문학길 73-25
전시시간 9:00~18:30(5~9월), 9:00~17:00(10~4월)
휴관일 매주 월요일(월요일이 공휴일인 경우 다음날 휴관),
　　　　 1월 1일 설날, 추석
관람료 어린이 및 청소년 1,500원, 어른 2,000원,
　　　　 미취학 어린이, 65세 이상 노인, 장애인 무료
　　　　 *20인 이상 단체 관람 시 500원 할인,
　　　　 평창 군민 50% 할인
문의 033-330-2700

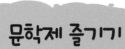

문학제 즐기기

메밀꽃 필 무렵, 평창에서는 효석 문화제가 열려요. 이 시기에는 흐붓하게 피기 시작하는 하얀 메밀꽃 사이를 걸으며, 그림 같은 풍경을 만끽할 수 있어요.

소설의 한 장면을 재현한 것 같은 재래장터에서 메밀로 만든 맛있는 음식들도 즐기고, 여러 가지 민속놀이들도 체험할 수 있어요. 정신없이 축제를 즐기다 가만히 앉아 있을 때 잡힐듯 말듯한 간지러운 기분을 글로 표현할 수 있는 거리백일장 행사도 진행된다고 해요.

이효석은 달밤에 메밀꽃이 핀 광경을 아름답게 표현했어요. 아름답게 기억되는 풍경이 있나요? 그 풍경을 떠올리며, 꾸밈말을 써서 아름다움을 표현해 보세요.

● 아름답게 기억되는 풍경

● 꾸밈말을 써서 표현해 보세요.

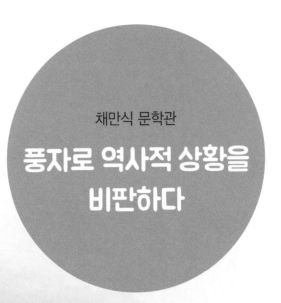

채만식 문학관

풍자로 역사적 상황을
비판하다

강을 보면 어떤 마음이 드나요? 하늘 아래 유유히 흐르는 강은 무
척이나 평화롭고 아름답지만, 세찬 물결이 물보라를 만들며 흘러갈
때는 잔뜩 화가 난 것처럼 무서워요.

"이 강은 지도를 펴놓고 앉아 가만히 들여다보노라면, 물줄기가
중동께서 남북으로 납작하니 째져 가지고는 그것이 아주 재미있게

벌어져 있음을 알 수 있다……"

채만식의 대표적인 소설『탁류(흘러가는 흐린 물)』첫머리에 나오는 문장이에요. 여기서 말하는 강은 금강으로 전라북도와 충청도를 거쳐 군산만으로 흘러들어와 서해로 나가지요.

조선일보에 1937년 10월부터 7개월 동안 연재한『탁류』는 금강의 물결을 역사에 빗대어 식민지 시대의 현실을 나타낸 소설이에요.

채만식은 30여 년 동안 300여 편의 단편과 장편 소설 외에도 희곡, 동화, 수필, 평론 등의 작품을 남겼어요. 채만식은「레디메이드 인생」,『태평천하』,「치숙」,「인텔리와 빈대떡」등 해학과 풍자를 사용하여 당시 역사적, 사회적 상황을 잘 드러낸 소설가로 큰 명성을 얻었지만 1940년 이후 산문과 소설을 통해 친일 활동에 적극 참여했어요.

광복 후 친일 문제에 대한 비판이 일자 채만식은 일제 강점기에 친일 활동을 고백하고 반성하는「민족의 죄인」이라는 단편 소설을 썼어요. 채만식은 해방 이후 친일의 잘못을 인정한 최초의 작가예요.

군산항에
문학의 닻을 내리다

채만식은 금강 하구의 항구 도시 전북 군산에서 태어났어요. 그의 대표작인 『탁류』 역시 군산을 배경으로 하고 있지요. 금강변에 위치한 채만식 문학관은 군산항의 상징성을 살려 배가 닻을 내리고 서 있는 모습이에요.

채만식은 평생 셋방을 전전할 정도로 가난했지만 감색 상의에 회색 바지, 중절모를 항상 쓰고 다녀서 '불란서 백작'이라고 불리며 부잣집 아들로 오해를 받았어요.

죽음을 앞둔 작가는 지인에게 "원고지 20권만 보내주시게. 일평생을 두고 원고지를 풍부하게 가져본 적이 없네. 이제 임종이 가깝다는 예감을 느끼게 되는 나로서는 죽을 때나마 머리맡에 원고지를 수북이 놓아 보고 싶네."라고 말했다고 해요.

주소 전라북도 군산시 강변로 449
전시시간 9:00~18:00(3~10월)
9:00~17:00(11~2월)
휴관일 매주 월요일, 1월 1일
관람료 무료
문의 063-454-7885

30여 년 동안 수많은 작품을 쓰며 한국문학사에 뚜렷한 발자국을 남긴 작가의 마지막이 참 쓸쓸하지요. 하지만 많은 사람들이 채만식 문학관을 찾아 그의 작품을 기억하고 있어요.

🌱 블란서 백작, 채만식

1층에 들어서면 중절모를 쓴 채만식의 사진과 일제 강점기 때 군산의 모습을 볼 수 있어요.

전시실에서는 채만식의 삶과 다양한 작품들을 만날 수 있는데, 채만식이 활동하던 시기에 함께 활동했던 문학인을 지도로 나타낸 전시물도 있어요. 또 시인의 집필 모습을 재현한 전시물도 있는데, 바닥에 있는 구겨진 원고지가 인상적이에요.

무엇보다 특별한 전시물은 작가의 친일 활동과 친일에 대한 반성을 밝힌 전시물이에요. 친일 성격을 띤 작가의 작품과 민족문제연구소가 밝힌 42명의 친일문학인도 알 수 있지요.

🌱 흘러가는 흐린 물을 잡다

한쪽 벽면에는 작가의 대표작을 주제로 한 '탁류 주제관'이 있어요. '탁류 주제관'은 작가의 육필 원고 사이에 탁류 삽화와 군산의 사진이 어우러져 색다른 느낌을 주어요. 올라가는 계단의 각 층계에는 작가의 이력이 알기 쉽게 정리되어 있고, 2층 곳곳에 작가의 소설과 사진, 채만식 문학상 수상 작품이 전시되어 있어요. 또 작가의 관련 영상을 볼 수 있는 영상 세미나실도 있어요.

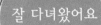

잘 다녀왔어요

 채만식은 「민족의 죄인」이라는 소설을 통해 자신의 친일
활동을 고백하고 반성했어요. 이렇게 자신의 잘못을 진
심으로 반성하는 일에는 큰 용기가 필요해요. 혹시 잘못
한 일이 있는데, 제대로 사과하지 않고 넘어갔던 적이 있
다면 용기를 내어 진심이 담긴 사과문을 써 보아요.

● 미안한 마음을 담아

                                        에게

최명희 문학관

쉼표 하나까지
온힘을 기울여
혼불을 남기다

비빔밥, 한옥마을, 판소리를 떠올리면 생각나는 도시가 있나요? 바로 전라북도 전주예요. 전주는 유네스코가 세계문화유산으로 지정한 판소리의 본고장으로 우리의 전통문화를 담고 있는 도시이지요. 또『혼불』로 유명한 소설가 최명희의 고향이기도 해요.

1980년 중앙일보 신춘문예에 「쓰러지는 빛」이 당선되어 등단한 최명희는 다음 해에 동아일보 장편 소설 공모전에서『혼불(제1부)』이 당선되어 문단의 주목을 받았어요. 이후에 작가는 1988년부터 1995년까지『혼불』을 신동아에 연재했어요.

일제 강점기에 전라북도 남원의 유서 깊은 가문을 중심으로 다양한 사람들을 등장시켜 민족의 혼을 담아낸『혼불』을 쓰기 위해 작가는 직접 취재를 해 자료를 수집하고, 어휘 하나를 쓰기 위해 국어사전을 샅샅이 뒤지고 물이 흐르는 소리를 제대로 표현하기 위해 3일 동안 물소리를 들었다고 해요.

쉼표 하나, 마침표 하나까지 온힘을 기울인『혼불』은 한국어의 아름다움을 가장 잘 나타내어 한국문학의 수준을 높인 작품으로 평가받았어요. 하지만 작가는 "아름다운 세상, 잘살고 갑니다"란 유언을 남기며 세상을 떠났고,『혼불』은 5부를 끝으로 미완의 작품이 되었지요.

"나는 나의 일필휘지(글씨를 단숨에 죽 써 내림)를 믿지 않는다. 원고지 한 칸마다 나 자신을 조금씩 덜어 넣듯이 글을 써 내려갔다."

15년 동안 혼신의 힘을 기울여『혼불』을 쓴 작가의 정신은 지금도 많은 작가들에게 큰 가르침을 주고 있어요.

혼불처럼 살아있는
작가정신을 만나다

'맛과 멋의 고장' 전주를 여행할 때 전주한옥마을은 빼놓을 수 없는 여행지예요. 전주 교동과 풍남동에 한옥 800여 채가 모여 있는 전주한옥마을은 우리의 전통문화를 체험할 수 있는 곳이지요. 『혼불』의 작가 최명희의 고향이 바로 이곳 전주예요.

전주한옥마을에 최명희길이 있고 최명희길을 쭉 따라가다 보면 최명희 문학관이 있어요. 최명희는 하늘의 별이 되었지만 최명희 문학관에는 작가를 기억하고 『혼불』을 사랑하는 사람들의 발길이 끊이지 않고 있어요.

멋스러운 소나무들이 있는 문학관 입구에는 밀짚모자를 쓰고 혼불을 들고 있는 돌 인형을 볼 수 있고, 문 위에 '최명희 문학관'이라는 현판이 걸린 것을 볼 수 있어요.

주소 전라북도 전주시 완산구 최명희길 29
전시시간 10:00~18:00
휴관일 매주 월요일, 1월 1일,
　　　　설날·추석 당일
관람료 무료
문의 063-284-0570

🌱 혼자서 즐기는 마음

　전시실을 독락재(獨樂齋)라고 하는데, '독락'이라는 말은 '혼자서 즐기는 마음'을 가리켜요. 오랜 시간 『혼불』에만 매달리면서 작품을 쓸 수 있었던 것도 혼자서 책을 읽고 글을 쓰는 독락의 마음이 있었기에 가능한 일이었겠지요.

　혼불 1권의 표지가 장식하고 있는 출입문을 열고 들어가면 작가의 일대기를 사진과 함께 한눈에 볼 수 있어요.

　전시실 중앙에는 『혼불』 책을 쌓아올려 만든 책탑이 있고 『혼불』을 쓴 작가의 자필 원고지도 전시되어 있어요. 1만 2,000장의 원고를 모두 쌓으면 약 3미터가 된다고 하는데 전시실에는 1/3 분량의 원고지만 전시하고 있지요. 이것을 보고 있으면, 작품을 쓴다는 것이 얼마나 어려운 일인지 느낄 수 있어요

또 작가가 지인들에게 보냈던 편지와 엽서들, 작가의 땀이 배어 있는 자료들이 전시되어 있고, 작가의 생전 인터뷰를 동영상으로도 볼 수 있어요.

곳곳에서 혼불의 문장을 만날 수 있는데 "언어는 정신의 지문, 나의 넋이 찍히는 그 무늬를 어찌 함부로 할 수 있겠는가."라는 최명희의 작가 정신을 다시 느낄 수 있어요.

'바람이 분다', '바람은 분다'와 같이 한 글자만 달라져도 문장의 느낌이나 쓰임이 달라져요. 어떤 것이 적절하고 아름다운 문장인지 늘 고민하는 문학가들처럼 문장의 아름다움을 함께 생각해 보아요.

🌱 체험과 만남이 이루어지는 곳

　문학관에서는 다양한 체험을 할 수 있는데 작가의 글씨체를 화선지에 대고 따라 쓰는 '최명희 서체 따라 쓰기'도 있고, 혼불의 문장을 원고지에 원하는 만큼 따라 쓰는 '필사' 체험도 할 수 있어요. '최명희 서체 따라 쓰기'와 '필사' 체험을 하다보면 작가와 조금은 가까워지는 느낌을 받아요.

　이 밖에도 1년 뒤 자신에게 보내는 편지를 쓰는 느림 우체통이 있고, 문학관에서 만든 엽서에 글을 써 친구들에게 보낼 수도 있어요. 또 전주 한지를 이용해 세상에 하나뿐인 수첩을 만드는 유료 체험 프로그램도 있어요. 다양한 문학 강연과 세미나가 열리는 공간도 있는데, 이곳은 '비시동락지실(非時同樂之室)'이라고 불려요. 말 그대로 따로 때를 정하지 않고 만남이 이루어지는 공간을 뜻하죠. 작가의 문학과 그 정신을 만날 수 있는 뜻깊은 만남의 장소예요.

최명희는 글을 쓸 때는 외출도 안하고 온힘을 다해서 글을 썼다고 해요. 내가 지금까지 한 일 중에서 가장 열심히 집중해서 한 일은 무엇인가요? 그리고 그 일을 열심히 한 까닭도 알려 주세요.

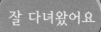

● 집중해서 한 일

● 열심히 한 까닭

부록

문학관 소개

문학관 주소	작가	작가 대표작	문학제 및 백일장	예약 및 문의 전화번호
서울 · 경기도				
기형도 문학관 경기도 광명시 오리로 268	기형도 (1960. 2. 16.~ 1989. 3. 7.)	「엄마 걱정」 「빈집」 「정거장에서의 충고」		02-2621-8860
김수영 문학관 서울특별시 도봉구 해등로 32길 80	김수영 (1921. 11. 27.~ 1968. 6. 16.)	「풀」 「파밭 가에서」 「어느날 고궁을 나오면서」	김수영 청소년문학상 (접수기간 5~8월)	02-2091-5673
윤동주 문학관 서울특별시 종로구 창의문로 119	윤동주 (1917. 12. 30.~ 1945. 2. 16.)	「서시」 「별헤는 밤」 「쉽게 씌여진 시」	윤동주 문학제(9월)	02-2148-4175
한무숙 문학관 서울특별시 종로구 혜화로 9길 20	한무숙 (1918. 10. 25.~ 1993. 1. 30.)	「등불 드는 여인」 「역사는 흐른다」		02-762-3093
노작 홍사용 문학관 경기도 화성시 노작로 206	홍사용 (1900. 5. 17.~ 1947. 1. 7.)	「나는 왕이로소이다」 「꿈이면은?」	노작 문학제(9월)	031-8015-0880
황순원 문학촌 경기도 양평군 서종면 소나기마을 24	황순원 (1915. 3. 26.~ 2000. 9. 14.)	「소나기」 「독짓는 늙은이」 「기러기」	황순원 문학제 백일장/사생대회(9월)	031-773-2299
강원도				
김유정 문학촌 강원도 춘천시 신동면 김유정로 1430-14	김유정 (1908. 1. 11.~ 1937. 3. 29.)	「동백꽃」 「봄 · 봄」	김유정 문학제(5월)	033-261-4650
토지 문학관 강원도 원주시 토지길 1	박경리 (1926.10. 28.~ 2008. 5. 5.)	「토지」 「김약국의 딸들」 「불신시대」	소설토지의 날 (매년 8월 15일 광복절)	033-762-6843
박인환 문학관 강원도 인제군 인제읍 인제로156번길 50	박인환 (1926. 8. 15.~ 1956. 3. 20.)	「세월이 가면」 「목마와 숙녀」		033-462-2086

문학관 주소	작가	작가 대표작	문학제 및 백일장	예약 및 문의 전화번호
월하 문학관 강원도 화천군 화천읍 호음로 1014-16	이태극 (1913. 7. 16.~ 2003. 4. 24.)	「삼월은」 「산딸기」		070-8885-3434
이효석 문학관 강원도 평창군 봉평면 효석문학길 73-25	이효석 (1907. 2. 23.~ 1942. 5. 25.)	「메밀꽃 필 무렵」	효석 문학제(9월)	033-330-2700
만해 마을 강원도 인제군 북면 만해로 91	한용운 (1879. 8. 29.~ 1944. 6. 29.)	「님의 침묵」	만해축전, 만해 백일장(8월)	033-462-2303
경상남도				
박재삼 문학관 경상남도 사천시 박재삼길 27	박재삼 (1933. 4. 10.~ 1997. 6. 8.)	「천년의 바람」 「울음이 타는 가을 강」	박재삼 문학제(7월)	055-832-4953
오영수 문학관 울산광역시 울주군 언양읍 헌양길 280-12	오영수 (1909. 2. 11.~ 1979. 5. 15.)	「갯마을」 「메아리」	누나별 북콘서트(10월) 오영수 백일장(5월~7월)	052-264-8511
요산 문학관 부산광역시 금정구 팔송로 60-6	김정한 (1908. 9. 26.~ 1996. 11. 28.)	「사하촌」 「산거족」	요산 문학축전(10월말)	051-515-1655
이병주 문학관 경상남도 하동군 북천면 이명골길 14-28	이병주 (1921. 3. 16.~ 1992. 4. 3.)	「지리산」 「그해 5월」	이병주 국제문학제(9월)	055-882-2354
이주홍 어린이 문학관 경상남도 합천군 용주면 합천호수로 828-7	이주홍 (1906. 5. 23.~ 1987. 1. 3.)	「메아리」 「해 같이 달 같이만」 「감꽃」		055-933-0036
경상북도				
구상 문학관 경상북도 칠곡군 왜관읍 구상길 191	구상 (1919. 9. 16.~ 2004. 5. 11.)	「그리스도 폴의 강」 「초토의 시」 「우음 2장」	구상 문학제(10~11월)	054-973-0039
권정생 동화나라 경상북도 안동시 일직면 성남길 119	권정생 (1937. 9. 10.~ 2007. 5. 17.)	「강아지똥」 「몽실 언니」 「엄마 까투리」		054-858-0808

문학관 주소	작가	작가 대표작	문학제 및 백일장	예약 및 문의 전화번호
이육사 문학관 경상북도 안동시 도산면 백운로 525	이육사 (1904. 4. 4.~ 1944. 1. 16.)	「절정」 「광야」 「청포도」	육사 문학축전(4월/10월) 청포도 사생대회(4월)	054-852-7337
지훈 문학관 경상북도 영양군 일월면 주실길 55	조지훈 (1920. 12. 3.~ 1968. 5. 17.)	「승무」	지훈 예술제, 백일장/사생대회(5월) (2018년 11회는 10월)	054-682-7763
이주홍 어린이 문학관 경상남도 합천군 용주면 합천호수로 828-7	이주홍 (1906. 5. 23.~ 1987. 1. 3.)	「메아리」 「해 같이 달 같이만」 「감꽃」		055-933-0036

전라도

미당 시문학관 전라북도 고창군 부안면 질마재로 2-8	서정주 (1915. 5. 18.~ 2000. 12. 24.)	「국화 옆에서」 「자화상」 「동천」	미당 문학제, 청소년 백일장(11월)	063-560-8058
채만식 문학관 전라북도 군산시 강변로 449	채만식 (1902. 6. 17.~ 1950. 6. 11.)	「탁류」 「태평천하」 「치숙」		063-454-7885
혼불 문학관 전라북도 전주시 완산구 최명희길 29	최명희 (1947. 10. 10.~ 1998. 12. 11.)	「혼불」	혼불 문학제(6월) 한가위 혼불 여행(추석) 혼불로 즐기는 설(설날) (명절 당일은 휴관)	063-284-0570

충청도

신동엽 문학관 충청남도 부여군 부여읍 신동엽길 12	신동엽 (1930. 8. 18.~ 1969. 4. 7.)	「껍데기는 가라」 「서둘고 싶지 않다」 「누가 하늘을 보았다 하는가」 「금강」	신동엽 문학관 가을문학제 (10월)	041-930-6827
심훈 기념관 충청남도 당진시 송악읍 상록수길 105	심훈 (1901. 9. 12.~ 1936. 9. 16.)	「그날이 오면」 「상록수」	심훈 상록문화제(6월)	041-360-6883
오장환 문학관 충청북도 보은군 회인면 회인로5길 12	오장환 (1918. 5. 15.~ 미상)	「병든 서울」 「해바라기」 「바다」	오장환 문학제(10월)	043-540-3776
정지용 문학관 충청북도 옥천군 옥천읍 향수길 56	정지용 (1902. 6. 20.~ 1950. 9. 25.)	「향수」 「유리창」	지용제(5월) 정지용 청소년문학상(4월) e-지용제(4월)	043-730-3408

사진 출처

사진을 제공해주신 각 문학관 및 문학제 관계자분들에게 감사드립니다.

- 구상 문학관   http://kusang.chilgok.go.kr/
- 기형도 문학관
- 김수영 문학관   http://kimsuyoung.dobong.go.kr/
- 김유정 문학촌   http://www.kimyoujeong.org/
  ─ 김유정 문학제
- 오영수 문학관   http://etc.ulju.ulsan.kr/oys/
- 만해 문학박물관   http://manhae2003.dongguk.edu/
  ─ 만해축전
- 미당 시 문학관
- 박경리 문학공원
- 박인환 문학관
- 박재삼 문학관
- 신동엽 문학관   http://www.shindongyeop.com/
- 석정 문학관
- 심훈 상록문화제   http://djsangnok.org/
- 옥천 지용제   http://www.okcc.or.kr/gy-festival/
- 요산 문학관
- 월하 문학관

- 윤동주 문학관   http://www.jfac.or.kr/site/main/content/yoondj01
  - 윤동주 문학제
- 이육사 문학관   http://www.264.or.kr/
- 이주홍 어린이 문학관
- 이효석 문학관   http://www.hyoseok.net/
  - 효석 문화제   http://www.hyoseok.com/
- 조지훈 문학관   http://jihun.yyg.go.kr/
  - 지훈 예술제
  - 영양 문화관광 http://www.yyg.go.kr/tour/
- 최명희 문학관
- 한무숙 문학관   http://hahnmoosook.com/
- 황순원 문학촌 소나기마을

- 기타 이미지   shutterstock

여행도 교육이다-문학편
우리 아이와 함께하는 문학 여행

1판 1쇄 펴냄 | 2018년 8월 1일

지은이 | 서화교
발행인 | 김병준
편 집 | 이근영
디자인 | 여현미·이순연
발행처 | 상상아카데미

등록 | 2010. 3. 11. 제313-2010-77호
주소 | 경기도 파주시 회동길 37-42 파주출판도시
전화 | 031-955-1651(편집), 031-955-1321(영업)
팩스 | 031-955-1322
전자우편 | main@sangsangaca.com
홈페이지 | http://sangsangaca.com

ISBN 979-11-85402-10-9 44980
ISBN 979-11-85402-09-3 (세트)

이 도서의 국립중앙도서관 출판시도서목록(CIP)은
서지정보유통지원시스템 홈페이지(http://seoji.nl.go.kr)와
국가자료공동목록시스템(http://www.nl.go.kr/kolisnet)에서
이용하실 수 있습니다.(CIP제어번호: CIP2018022288)